航天火工装置可靠性小子样分析评价技术

Small-sample Analysis and Evaluation Technology of Aerospace Pyrotechnic Devices' Reliability

荣吉利　张涛　宋乾强　著

国防工业出版社

·北京·

图书在版编目(CIP)数据

航天火工装置可靠性小子样分析评价技术/荣吉利，张涛，宋乾强著. —北京：国防工业出版社，2018.10
 ISBN 978 – 7 – 118 – 11595 – 6

Ⅰ.①航… Ⅱ.①荣… ②张… ③宋… Ⅲ.①航天器 – 火工品 – 可靠性 – 评价 Ⅳ.①V47

中国版本图书馆 CIP 数据核字(2018)第 214918 号

※

*国防工业出版社*出版发行
（北京市海淀区紫竹院南路 23 号　邮政编码 100048）
天津嘉恒印务有限公司印刷
新华书店经售

*

开本 710×1000　1/16　印张 8　字数 133 千字
2018 年 10 月第 1 版第 1 次印刷　印数 1—2000 册　定价 69.00 元

（本书如有印装错误，我社负责调换）

国防书店：(010)88540777　　发行邮购：(010)88540776
发行传真：(010)88540755　　发行业务：(010)88540717

致 读 者

本书由中央军委装备发展部**国防科技图书出版基金**资助出版。

为了促进国防科技和武器装备发展，加强社会主义物质文明和精神文明建设，培养优秀科技人才，确保国防科技优秀图书的出版，原国防科工委于1988年初决定每年拨出专款，设立国防科技图书出版基金，成立评审委员会，扶持、审定出版国防科技优秀图书。这是一项具有深远意义的创举。

国防科技图书出版基金资助的对象是：

1. 在国防科学技术领域中，学术水平高，内容有创见，在学科上居领先地位的基础科学理论图书；在工程技术理论方面有突破的应用科学专著。

2. 学术思想新颖，内容具体、实用，对国防科技和武器装备发展具有较大推动作用的专著；密切结合国防现代化和武器装备现代化需要的高新技术内容的专著。

3. 有重要发展前景和有重大开拓使用价值，密切结合国防现代化和武器装备现代化需要的新工艺、新材料内容的专著。

4. 填补目前我国科技领域空白并具有军事应用前景的薄弱学科和边缘学科的科技图书。

国防科技图书出版基金评审委员会在中央军委装备发展部的领导下开展工作，负责掌握出版基金的使用方向，评审受理的图书选题，决定资助的图书选题和资助金额，以及决定中断或取消资助等。经评审给予资助的图书，由中央军委装备发展部国防工业出版社出版发行。

国防科技和武器装备发展已经取得了举世瞩目的成就，国防科技图书承担着记载和弘扬这些成就，积累和传播科技知识的使命。开展好评审工作，使有限的基金发挥出巨大的效能，需要不断摸索、认真总结和及时改进，更需要国防科技和武器装备建设战线广大科技工作者、专家、教授，以及社会各界朋友的热情支持。

让我们携起手来，为祖国昌盛、科技腾飞、出版繁荣而共同奋斗！

国防科技图书出版基金
评审委员会

国防科技图书出版基金
第七届评审委员会组成人员

主任委员	潘银喜		
副主任委员	吴有生	傅兴男	赵伯桥
秘书长	赵伯桥		
副秘书长	许西安	谢晓阳	
委员 (按姓氏笔画排序)	才鸿年	马伟明	王小谟	王群书
	甘茂治	甘晓华	卢秉恒	巩水利
	刘泽金	孙秀冬	芮筱亭	李言荣
	李德仁	李德毅	杨伟	肖志力
	吴宏鑫	张文栋	张信威	陆军
	陈良惠	房建成	赵万生	赵凤起
	郭云飞	唐志共	陶西平	韩祖南
	傅惠民	魏炳波		

前　言

　　火工装置在航天领域有着广泛的应用。作为一次性作用产品,其工作成败直接关系到空间飞行器的任务完成,以及人员与设备的安全。随着载人航天、深空探测技术的不断发展,对火工装置的要求也越来越高,尤其对其可靠性与安全性提出了更高的要求。作为一类特殊和重要的装置,在型号飞行应用前,必须要完成火工装置的可靠性分析评价工作。

　　长期以来,我国一直采用计数法来分析评价火工装置的可靠性,这种方法的特点是简单直接,仅判断装置成功还是失败。由于有可靠的数学基础,目前仍被采用,但这种方法存在一些问题:①计数法需要进行大量的成败型试验,以二项分布模型为例,如分析评价置信度要求 0.95、可靠性要求 0.99,就需要连续成功 298 发,而目前航天火工装置的可靠性要求都在 0.99 以上,这种方法对航天项目来说费用太高;②计数法的另一个问题是不能提供装置的定量信息,即无法判断火工装置完成功能或接近失效的程度,也无法预测该装置在其他应用条件下的可靠性,已经发现有些火工装置虽然使用了许多年,但其性能裕度接近临界值,在系统参数发生变化时就可能出现失效。

　　计量法在一定程度上可解决计数法分析评价产品可靠性所需样本量太大的难题,计量法中采用火工装置性能参数的连续型变量代替了计数法中离散的成败型变量,使得其可靠性分析评价试验中包含了更加丰富的信息量,试验数量可以减少到 30～40 发。原则上,可靠性在 0.99 以上时只能采用计量法去分析评价,但计量法最大的缺点是要求事先给出产品功能参数的容许限,且要为定值,然而很多火工装置功能参数的容许限是不知道的,而且也不为定值,这就为计量法的工程应用带来了很大的局限性。

　　为了解决上述试验方法无法分析评价火工装置可靠性或所需样本量太大的难题,多年来,许多可靠性专家、学者曾进行了多方面有益的研究与探索,其中包括采用 Bayes 方法对火工装置的可靠性进行试验和分析评价。然而,这些方法的一个很大的问题,就是如何合理地选择验前分布的问题。而且,经过大量计算机模拟显示,当所要求的可靠性和置信度都很高时,Bayes 方法与经典成败型方法相比,最多只能节省约 35% 的样本量。总之,大量的研究实践表明,单纯靠数理统计方法的改进来解决上述难题也是相当困难的。

国外在火工装置可靠性分析评价的研究领域起步早、方法成熟，这很大程度上推动了航天事业的发展。如俄罗斯航天专家利用"应力－强度"模型提出了一种"加严试验法"应用于火工装置的可靠性分析评价工作；法国空间火工装置研究组针对阿里安 5 火箭火工系统也采用了一种"强化试验方法"进行可靠性分析评价工作。但是，由于核心技术保密的原因，我们并不清楚其具体的分析评价方法和理论依据，以及相应的关键参数的确定方法。我们目前只能从相关文献的简要叙述中获得国外火工装置可靠性分析评价的部分思想。

随着我国武器及航天工业的发展，国内学者在火工装置可靠性分析评价领域也取得了一定的研究成果。然而，这些方法有些是针对火工装置的发火可靠性，有些是针对某类火工装置进行研究。到目前为止，我国还没有系统介绍火工装置可靠性分析评价方面的书籍。

因此，沿着国外的研究思路，结合国内现有的研究成果，开辟出一条工程上可实际应用的火工装置可靠性分析评价方法是当务之急。本书汇集作者多年研究成果，根据不同火工装置的功能特性，提出了费用相对低廉、实际可操作的可靠性小子样分析评价方法，使得分析高价值、高可靠性要求的火工装置成为可能，并将大幅度节省试验费用。

本书共分 7 章。第 1 章绪论，由荣吉利、张涛、宋乾强著；第 2 章航天火工装置可靠性小子样分析评价技术基本原理，由荣吉利、张涛、宋乾强著；第 3 章解锁类火工装置可靠性小子样分析评价方法，由张涛、荣吉利著；第 4 章索类、切割类火工装置可靠性小子样分析评价方法，由张涛、荣吉利著；第 5 章性能参数型火工装置可靠性小子样分析评价方法，由宋乾强、张涛、荣吉利著；第 6 章火工装置可靠性小子样分析评价的试验设计方法，由张涛、宋乾强、荣吉利著；第 7 章火工装置可靠性小子样分析评价方法的应用实例，由荣吉利、张涛、宋乾强著。

本书可供从事火工装置产品设计、制造及使用的工程技术人员开展研究工作时参考，同时也可作为本科生毕业设计及硕士研究生、博士研究生开展科研工作的参考用书。

本书在撰写和出版过程中，得到了国防科技图书出版基金的资助，在此表示衷心的感谢！

由于时间仓促，加之作者水平有限，书中难免存在不妥或疏漏之处，敬请读者批评指正。

著　者

2017 年 09 月 16 日

目　　录

第1章　绪论 …………………………………………………………… 1
　1.1　概述 ……………………………………………………………… 1
　1.2　火工装置及其可靠性概述 ……………………………………… 2
　　1.2.1　火工装置概述 ……………………………………………… 2
　　1.2.2　火工装置的可靠性模型 …………………………………… 6
　　1.2.3　火工装置的可靠性特征量 ………………………………… 7
　1.3　国内外研究现状及发展趋势 …………………………………… 7
　　1.3.1　火工装置的研究现状及发展趋势 ………………………… 7
　　1.3.2　火工装置可靠性分析评价技术的研究现状及发展
　　　　　趋势 …………………………………………………………… 10

第2章　航天火工装置可靠性小子样分析评价技术基本原理 …… 15
　2.1　加严试验法 ……………………………………………………… 15
　　2.1.1　应力-强度干涉理论 ……………………………………… 15
　　2.1.2　可靠度经典置信下限 ……………………………………… 18
　　2.1.3　加严试验原理 ……………………………………………… 20
　　2.1.4　加严试验法的可靠性分析评价原理 ……………………… 21
　2.2　性能参数型可靠性分析评价方法 ……………………………… 22
　　2.2.1　基于非中心 t 分布的可靠性分析评价方法 ……………… 22
　　2.2.2　基于储备系数的可靠性分析评价方法 …………………… 24
　2.3　小结 ……………………………………………………………… 27

第3章　解锁类火工装置可靠性小子样分析评价方法 …………… 29
　3.1　解锁类火工装置及其工作原理分析 …………………………… 29
　3.2　解锁类火工装置可靠性的加严试验分析评价原理 …………… 31
　　3.2.1　功能可靠性模型的建立 …………………………………… 31
　　3.2.2　功能可靠性加严试验分析评价原理 ……………………… 33
　　3.2.3　结构强度可靠性模型的建立 ……………………………… 35
　　3.2.4　结构强度可靠性加严试验分析评价原理 ………………… 36

3.3 冗余设计火工装置可靠性的加严试验分析评价原理 ………… 37
   3.3.1 减少药筒数量时的功能可靠性加严试验分析评价
       公式的推导 ……………………………………………… 39
   3.3.2 同时减少装药量时的功能可靠性加严试验分析评价
       原理 ……………………………………………………… 40
   3.3.3 同时增大装药量时的结构强度可靠性加严试验分析
       评价原理 ………………………………………………… 42
3.4 关键参数的确定方法 ……………………………………………… 44
   3.4.1 加严试验方式及加严参数的确定方法 …………………… 44
   3.4.2 变异系数的确定方法 ……………………………………… 47
3.5 小结 ……………………………………………………………… 49

第4章 索类、切割类火工装置可靠性小子样分析评价方法 …… 51
4.1 索类火工装置及其工作原理分析 ……………………………… 51
4.2 索类火工装置可靠性的加严试验分析评价原理 ……………… 52
   4.2.1 功能可靠性模型的建立 …………………………………… 54
   4.2.2 功能可靠性的加严试验分析评价原理 …………………… 55
4.3 关键参数的确定方法 ……………………………………………… 57
   4.3.1 加严试验方式及加严参数的确定方法 …………………… 57
   4.3.2 变异系数的确定方法 ……………………………………… 57
4.4 切割类火工装置可靠性的加严试验分析评价原理及关键参数
   的确定方法 ………………………………………………………… 58
4.5 小结 ……………………………………………………………… 59

第5章 性能参数型火工装置可靠性小子样分析评价方法 ……… 60
5.1 性能参数型火工装置及其工作原理分析 ……………………… 60
   5.1.1 作动类火工装置 …………………………………………… 60
   5.1.2 推力类火工装置 …………………………………………… 60
   5.1.3 弹射分离类火工装置 ……………………………………… 61
5.2 性能参数型可靠性分析评价原理 ……………………………… 61
   5.2.1 基于非中心 t 分布的可靠性分析评价方法的简化与
       分析 ……………………………………………………… 61
   5.2.2 基于储备系数的可靠性分析评价方法的简化与分析 …… 64
5.3 小结 ……………………………………………………………… 67

第6章 火工装置可靠性小子样分析评价的试验设计方法 ……… 68
6.1 解锁类火工装置可靠性分析评价的试验设计方法 …………… 68
   6.1.1 功能可靠性分析评价的试验设计方法 …………………… 68

  6.1.2 结构强度可靠性分析评价的试验设计方法 ………………… 70
 6.2 冗余设计火工装置可靠性分析评价的试验设计方法 ……………… 72
  6.2.1 功能可靠性分析评价的试验设计方法 …………………… 72
  6.2.2 结构强度可靠性分析评价的试验设计方法 ………………… 75
 6.3 索类、切割类火工装置功能可靠性分析评价的试验设计方法 …… 76
 6.4 性能参数型火工装置可靠性分析评价的试验设计方法 …………… 78
  6.4.1 基于非中心 t 分布的可靠性分析评价的试验设计方法 …… 78
  6.4.2 基于储备系数的可靠性分析评价的试验设计方法 ………… 82
 6.5 小结 ………………………………………………………………… 84

第7章 火工装置可靠性小子样分析评价方法的应用实例 ………… 85
 7.1 加严试验法应用实例 ……………………………………………… 85
  7.1.1 加严试验条件下推销器设计方法 ………………………… 85
  7.1.2 可靠性加严试验分析评价的关键参数确定方法 ………… 87
  7.1.3 试验数据的统计分析 ……………………………………… 88
  7.1.4 试验用推销器可靠性的加严试验分析评价 ……………… 94
 7.2 性能参数型可靠性分析评价方法应用实例 ……………………… 97
  7.2.1 基于非中心 t 分布的可靠性分析评价方法应用实例 …… 97
  7.2.2 基于储备系数的可靠性分析评价方法应用实例 ………… 101
 7.3 小结 ………………………………………………………………… 105

附录A …………………………………………………………………… 106
附录B …………………………………………………………………… 107
参考文献 ………………………………………………………………… 108

Contents

Chapter 1 Introduction 1
  1.1 Summary 1
  1.2 Summary on pyrotechnic devices and their reliability 2
    1.2.1 Summary on pyrotechnic devices 2
    1.2.2 Reliability model of pyrotechnic devices 6
    1.2.3 Reliability characteristic parameters of pyrotechnic devices 7
  1.3 Domestic and international research and development trends 7
    1.3.1 Recent research and development trends on pyrotechnic devices 7
    1.3.2 Recent research and development trends on reliability analysis and evaluation technology of pyrotechnic devices 10

Chapter 2 Basic principles of small-sample analysis and evaluation technology of aerospace pyrotechnic devices' reliability 15
  2.1 Hardened test method 15
    2.1.1 "Stress-strength" interference theory 15
    2.1.2 Classical lower confidence limit of reliability 18
    2.1.3 Principle of hardened test 20
    2.1.4 Reliability analysis and evaluation principle of hardened test method 21
  2.2 Performance parameter type method of reliability analysis and evaluation 22
    2.2.1 Method of reliability analysis and evaluation based on non-central t-distribution 22
    2.2.2 Method of reliability analysis and evaluation based on reserve coefficient 24
  2.3 Chapter summary 27

Chapter 3   Small-sample analysis and evaluation method of unlocking-type pyrotechnic devices' reliability ·················· 29
   3.1 Unlocking-type pyrotechnic devices and their working principle analysis ··· 29
   3.2 Hardened test analysis and evaluation principle of unlocking-type pyrotechnic devices' reliability ······························· 31
      3.2.1 Establishment of functional reliability model ···················· 31
      3.2.2 Hardened test analysis and evaluation principle of functional reliability ·· 33
      3.2.3 Establishment of structural strength reliability model ········ 35
      3.2.4 Hardened test analysis and evaluation principle of structural strength reliability ·· 36
   3.3 Hardened test analysis and evaluation principle of reliability of redundant designed pyrotechnic devices ······························· 37
      3.3.1 Deduction of analysis and evaluation formula of functional reliability hardened test when reducing number of cartridges ·· 39
      3.3.2 Analysis and evaluation principle of functional reliability hardened test when reducing the charge of both cartridges ··· 40
      3.3.3 Analysis and evaluation principle of structural strength reliability hardened test when increasing the charge of both cartridges ·· 42
   3.4 Methods of determining key parameters ································· 44
      3.4.1 Ways of hardened test and methods of determining hardened parameters ··· 44
      3.4.2 Methods of determining the variation coefficients ············ 47
   3.5 Chapter summary ·· 49

Chapter 4   Small-sample analysis and evaluation method of reliability for linear explosive charge and cutting-type pyrotechnic devices ·· 51
   4.1 Linear explosive charge pyrotechnic devices and their working principle analysis ·· 51
   4.2 Hardened test analysis and evaluation principle of linear explosive charge pyrotechnic devices' reliability ································· 52
      4.2.1 Establishment of functional reliability model ·················· 54

    4.2.2   Hardened test analysis and evaluation principle of functional reliability ……………………………………………………… 55

  4.3 Methods of determining key parameters ……………………………… 57

    4.3.1   Ways of hardened test and methods of determining hardened parameters ………………………………………… 57

    4.3.2   Methods of determining the variation coefficients …………… 57

  4.4 Hardened test analysis and evaluation principle and methods of determining key parameters of cutting-type pyrotechnic devices …… 58

  4.5 Chapter summary ……………………………………………………… 59

Chapter 5 Small-sample analysis and evaluation method of reliability for performance parameter type pyrotechnic device ……… 60

  5.1 Performance parameter type pyrotechnic devices and their working principle analysis ……………………………………………… 60

    5.1.1   Actuating-type pyrotechnic devices ……………………………… 60

    5.1.2   Thrust-type pyrotechnic devices ………………………………… 60

    5.1.3   Ejecting separation type pyrotechnic devices ………………… 61

  5.2 Reliability analysis and evaluation principle of performance parameter type pyrotechnic devices …………………………………… 61

    5.2.1   Simplified method of reliability analysis and evaluation based on non-central t-distribution ……………………………… 61

    5.2.2   Simplified method of reliability analysis and evaluation based on reserve coefficient ……………………………………… 64

  5.3 Chapter summary ……………………………………………………… 67

Chapter 6 Test design methods of small-sample analysis and evaluation of pyrotechnic devices' reliability ………………… 68

  6.1 Test design methods of analysis and evaluation of unlocking-type pyrotechnic devices' reliability ………………………………………… 68

    6.1.1   Test design methods of functional reliability analysis and evaluation ……………………………………………………… 68

    6.1.2   Test design methods of structural strength reliability analysis and evaluation ………………………………………… 70

  6.2 Test design methods of reliability analysis and evaluation of redundant designed pyrotechnic device …………………………………………… 72

    6.2.1   Test design methods of functional reliability analysis and evaluation ……………………………………………………… 72

  6.2.2 Test design methods of structural strength reliability analysis and evaluation ……………………………………… 75

6.3 Test design methods of analysis and evaluation of functional reliability for linear explosive charge and cutting-type pyrotechnic devices ………………………………………………… 76

6.4 Test design methods of analysis and evaluation of linear performance parameter type pyrotechnic devices' reliability ………… 78

  6.4.1 Test design methods of reliability analysis and evaluation based on non-central t-distribution ……………………… 78

  6.4.2 Test design methods of reliability analysis and evaluation based on reserve coefficient ……………………………… 82

6.5 Chapter summary ……………………………………………… 84

Chapter 7 **Application examples of small-sample analysis and evaluation method of pyrotechnic devices' reliability** ……… 85

7.1 Application examples of hardened test method ……………………… 85

  7.1.1 Pin pullers' design methods under hardened test condition ……………………………………………………… 85

  7.1.2 Methods of determining key parameters of hardened test's reliability analysis evaluation ……………………………… 87

  7.1.3 Statistical analysis of test data ………………………… 88

  7.1.4 Reliability analysis and evaluation of pin pullers using the hardened test ……………………………………………… 94

7.2 Application examples of performance parameter type method of reliability analysis and evaluation ……………………………………… 97

  7.2.1 Application examples for methods of reliability analysis and evaluation based on non-central t-distribution ………… 97

  7.2.2 Application examples for methods of reliability analysis and evaluation based on reserve coefficient ………………… 101

7.3 Chapter summary ……………………………………………… 105

Appendix A ………………………………………………………… 106

Appendix B ………………………………………………………… 107

References ………………………………………………………… 108

第1章 绪　　论

1.1　概述

随着空间技术的不断发展,空间飞行器越来越复杂,使用的火工装置也越来越多。美国的水星飞船上使用了57件,"双子星座"飞船上约有140件,"阿波罗"飞船上多达310件,到航天飞机上已增加到500多件。俄罗斯的"联盟"号飞船上使用了150件。在我国的返回式卫星上使用了40多件,载人飞船上使用了100多件,而高轨运载火箭上则使用了200多件[1]。

作为一次性作用产品,火工装置工作的成败直接关系到空间飞行器的任务完成,以及人员与设备的安全。随着载人航天、深空探测技术的发展,对火工装置的要求也越来越高,尤其对它的可靠性与安全性提出了更高的要求,多数要求可靠度要达到0.9999~0.999999(置信度0.9以上)。对于这么高的可靠性,生产厂家如何来设计和生产符合这一可靠性指标要求的火工装置?生产出来后,又如何分析评价是否达到了可靠性设计指标的要求?这无疑是一个很重要、很现实的技术问题。

由于用途的特殊性,火工装置生产批量较小,结构也相对复杂,造成其价格相对较为昂贵。如采用计数法等常用方法进行可靠性分析评价,必须要用较大量的试验样本,势必造成成本飙升,这在实际工程中是无法承受和实现的。

在"921"工程之际,航天某部聘请的俄罗斯航天专家提供了俄罗斯载人飞船用某火工装置可靠性分析评价方法。该方法的表现形式是一套简单的表格,如按照该表格去试验,最少只需要几发的无失败试验量即可确定0.99999的可靠度[2]。它的试验次数相对于我国目前应用的国军标中的评估方法有着明显的优越性。法国"阿里安"-5运载火箭分离系统的火工装置也采用了一种小子样的方法进行可靠性分析评价工作,该方法通过对影响火工装置实现功能的关键参数进行加严试验,从而用有限的试验次数(3~15次)分析评价火工装置的高可靠性指标要求[3]。同样,美国在火工装置的可靠性分析评价上也应用了一种基于性能裕度的小样本统计方法[4]。可以看出,对于航天火工装置,采用小子样分析评价技术已成为一种必然趋势。

然而,火工装置种类较多,实现功能的方式也各不相同。因此,必须根据其自身实现功能的特点来分析,以确定合适的试验方法分析评价火工装置的可靠性。如解锁类火工装置实现功能的特点是燃气压力克服一定的机构阻力,在点火至解锁前,火药产生气体的工作容腔体积可认为是不变的,故可将燃气压力作为关键参数来分析评价其可靠性,而索类火工装置中的切割索其实现功能的特点是通过金属射流的形式切断一定厚度的金属板,此时对切割索本身的参数则很难实时测量,这时就需要换种思路,如从被切割金属板的厚度入手来分析评价其可靠性。此外:弹射分离类火工装置在动作时不仅要使相互连接的两体脱钩,而且要求两者以一定的相对速度互相分离;推力类火工装置在动作时需对母体产生一定的、有限的推力冲量;作动类火工装置,在作动时需克服剪切销阻力以及活塞杆与机构界面间的摩擦力。三者宜从其工作性能参数的角度来分析评价其可靠性。故结合火工装置实现功能的不同特点,提出有针对性的可靠性小子样分析评价技术是解决该问题的关键。

本书中的研究成果采用费用相对低廉、实际可接受的火工装置可靠性的小子样分析评价方法,使得分析评价高价值、高可靠性要求的火工装置的可靠性成为可能,并可大幅度节省试验费用。

1.2 火工装置及其可靠性概述

1.2.1 火工装置概述

火工装置(Pyrotechnics)是指利用炸药、发射药或烟火药完成某种功能的复杂装置的概括性集合,它可完成如起爆、释放、切割/破坏、弹射、阀门开关、开关转换、时间延迟及驱动等各种功能。在美国水星飞船项目期间,麦克唐纳飞行器公司的 Harry Lutz 首次把火工装置这一术语应用于称呼炸药与发射药驱动装置(Explosive and Propellant-actuated Devices)。近年来,国际上也把火工装置称作能量元件和系统(Energetic Components and System,ECS)[5]。

火工装置最初大量使用在武器上,如雷管、火帽、导爆索、点火器、延期装置、发烟管和曳光管等。从 20 世纪 50 年代末航天工业开始,火工装置大量应用在空间飞行器上,也正是航天工业使得传统的火工品更加精确和可靠。在空间飞行器上,火工装置主要用于完成卫星释放、级间和有效载荷分离,天线和太阳帆板展开,降落伞展开和释放,各种舱盖弹射,液、气管路通断,绳缆切割等功能,研制出的产品有几十种,包括爆炸螺栓、解锁螺栓、拔销器、推销器、分离螺母、弹射筒、作动筒、电爆阀门、切割器和切割索等[1]。

与其他能量源如弹簧、气压等相比,火工装置具有体积小、质量小、反应速度快、功率大、输入和输出能量可以较精确控制[6],并且在真空、辐射、高低温条件下仍具有很高的稳定性等特点。火工装置能够在相当短的时间内释放出相当大的能量来做机械功,完成预定的某项动作。由于火工装置所具有的独特优点,使其广泛应用于各种航天器上。

1.2.1.1 火工装置的设计要求

1. 高度的可靠性

在航天器上,单个或一组火工装置所承担的程序动作往往是相当关键的,是可靠性串联系统中重要的一环。以返回式卫星情况为例:如果弹射返回舱后底盖(或伞舱盖)的火工装置失效,则降落伞系统的开伞通道得不到清除,降落伞就出不来;如果弹射引导伞(或减速伞)的火工装置失效,则减速伞就不能开伞工作;如果分离减速伞的火工装置失效,则减速伞不能及时解脱分离,主伞就不能开伞工作。上述的任何一个程序动作的失效,都将导致返回舱坠毁,飞行任务失败[7]。因此要求火工装置应具有高度的可靠性,单个火工装置的可靠度置信下限应不低于0.9999,甚至达到0.99999(置信度要求为0.9时)。在系统设计以及火工装置研制的过程中,必须对保证系统和部件的高可靠性给予充分的考虑。

1) 广泛采用冗余技术

通过冗余可以提高系统的可靠性。在航天标准中规定,关键性的火工装置应采用冗余技术,排除单点失效,任一单个起爆元件的失效不会造成火工装置功能的失效。可能情况下应使用冗余火工装置完成同一功能。在系统只允许使用一个火工装置的情况下,宜采用两个起爆元件。在火工装置设计中,最大的冗余采用两套火工系统各自独立完成规定功能,最小的冗余是使用双起爆器[8]。

如在布置降落伞伞衣收口绳切割器时,沿伞衣底边均匀布置两三个收口绳切割器。只要有一个切割器动作,就能保证切断伞衣收口绳,使伞衣能够张满,大大地提高了伞衣松口这一程序动作的可靠性。如图1-1所示的一种降落伞连接绳分离机构,它是由两个脱伞螺栓组成。两个脱伞螺栓的轴杆顶着一个套筒,降落伞连接绳就套在套筒上。两个脱伞螺栓同时动作时,两根轴杆缩回各自的壳体内,套筒失去支撑,从而使降落伞连接绳与返回舱分离。在设计上考虑了两个脱伞螺栓之中,只要有一个动作,只有一根轴杆缩回,另一个脱伞螺栓失效,也能实现降落伞连接绳的正常分离。这样明显提高了这一环节的可靠性。

2) 用可靠性理论指导设计和试验

在设计火工装置,如确定装药量,制定试验方案时,要按照可靠性理论要求进行,确定产品的可靠性。

3) 采用密封结构

火工装置所用的火药或炸药,对潮湿比较敏感,在受潮后,其工作性能将发

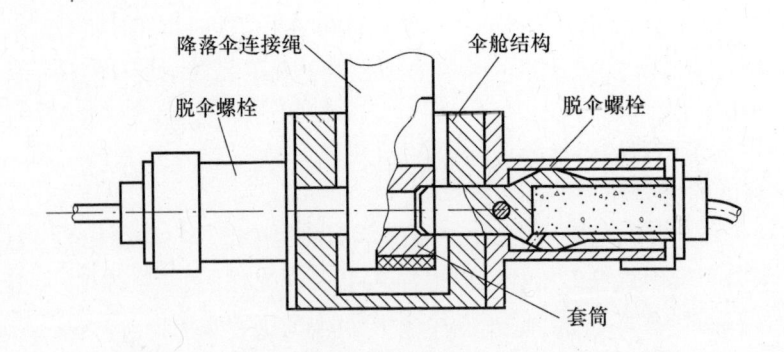

图1-1 一种降落伞连接绳的连接-分离装置示意图

生变化。在设计火工装置时,应采用密封结构,同时在选择用药时,可选用对潮湿相对钝感的火药或炸药。

4) 严格质量控制

在火工装置的零件加工、称药、装药、装配、测试和验收的全过程,必须进行严格的质量控制。

2. 安全性

对于装有火药或炸药的火工装置来讲,安全性极其重要。安全性是指在生产、测试、运输、储存和使用过程不发生任何意外发火(爆炸)的性能。要求从研制、安全测试、发射、运行至返回的全过程,能够确保火工装置的性能稳定,不发生意外的失效和对人身及周围环境造成不安全的因素。

3. 一次性作用

火工装置是一种一次性作用的执行机构,通常只能一次性使用,在飞行前不能检查其功能,因为每次发火后其内部结构经常发生变形。火工装置不能像电磁动作开关一样重复动作以确保其功能,成功使用装置的最好保证是按功能裕度进行设计并精确加工制造。

4. 标准化、系列化

在一个航天器上使用的火工装置不仅总的数量多,而且品种也比较多,而每一品种的数量却不是太多。研制一种新的火工装置需要进行大量的性能试验和可靠性试验。为提高经济效益和缩短研制周期,火工装置设计必须实行标准化和系列化。只有这样,才能降低成本和易于保证产品的质量和安全性。

如在点火器的设计上,俄罗斯早已实现了航天用点火器从ДП4-1至ДП4-5的系列化,其装药设计分别为0.55g、0.75g、1.05g、1.55g和1.9g,并可根据实现功能的需要选择不同的系列化点火器[2]。而目前我国在点火器设计方面还没有实现系列化,距离真正实现火工装置的标准化、系列化设计还有很长的路要走。

1.2.1.2　火工装置的分类

火工装置种类繁多,按功能和结构形式主要分为以下几类[7,9]:

1. 首发元件

首发元件主要分为点火器和起爆器两大类,是火工装置工作程序中的起始爆炸元件。点火器在输入规定的初始刺激能量后,内部装药燃烧,输出火焰和压力,对预定对象进行点火或在规定的容腔内产生预定的压力做功;起爆器在输入初始刺激量后,起爆器内部装药起爆,经逐级放大达到稳定爆轰后输出。二者的发火方式主要有电点火、机械点火、气动点火和激光点火等。

2. 解锁类

解锁类火工装置在动作前,将两体牢固地连接在一起;在动作时,解除两体的连接关系,使两者相互脱钩成为两个独立体。但是为了减少在解锁动作时相互在姿态上的干扰,动作时不要求有相对的分离速度,相互之间没有力的作用,如卫星再入舱与仪器舱之间的解锁螺栓,减速伞与再入舱相连接的脱伞螺栓等。

3. 索类

索类火工装置是具有连续细长装药的柔性火工装置。在航天器上主要用来切割、分离连接机构。这种索类火工装置称为炸药索或切割索。

4. 切割类

切割类火工装置在动作时,将伞绳、电缆、绳索等切断,如降落伞伞衣收口绳切割器、两舱之间的电缆切割器等。

5. 作动类

作动类火工装置有推式和拉式,用于卫星和运载及武器上。一般来讲,作动类火工装置在工作时应按要求对某部件提供一定的位移。工作后,应锁定在规定的范围内,如拔销器、推销器等。

6. 推力类

推力类火工装置在动作时,只对母体产生一定的、有限的推力冲量。通常是用微型和小型固体火箭发动机来完成。

7. 弹射分离类

弹射分离类火工装置在动作前将两体牢固地连接在一起。而在动作时不仅使两者相互脱钩,而且要求两体以一定的相对速度互相分离,如返回舱上弹射伞舱盖的弹射器、弹射引导伞的弹伞器和弹射筒等。

8. 其他

其他火工装置如电爆开关、电爆阀等。电爆开关在动作时将电缆开关的触点组推开或闭合,使该电缆的电路断开或接通;电爆阀在动作时,将气路或液压管路开启或闭合。

1.2.2 火工装置的可靠性模型

从广义上讲,火工装置的可靠性含义包括成功完成规定功能,保证人员、设备安全,作用时不产生预计以外的破坏(如壳体破裂、污染、高冲击等),以及贮存寿命等方面。狭义的可靠性仅指产品在规定的时间,规定的条件下完成功能的能力[1,10]。本书所研究的可靠性范畴属于后者。

在狭义的可靠性范畴界定下,单个火工装置的可靠性可划分为4部分,即发火可靠性、传爆传火可靠性、功能可靠性和结构强度可靠性。4部分属串联关系,可靠性模型框图如图1-2所示。

发火可靠性 → 传爆传火可靠性 → 功能可靠性 → 结构强度可靠性

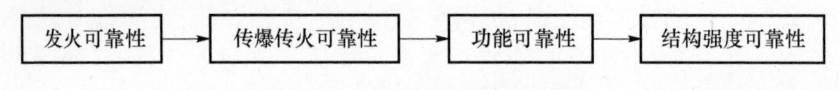

图1-2 火工装置可靠性模型

1. 发火可靠性

航天工程中要求将点火器设计成独立的装置,因此发火的可靠性就是首发元件的可靠性。对于点火的可靠性,美国从20世纪40年代开始研究出基于正态分布统计的升降法。这种方法得到了国际上广泛的认可和应用,并成为计算发火可靠性的标准方法。描述点火可靠性的指标是最小发火能量,相应描述安全性的指标是不发火能量。

2. 传爆传火可靠性

传爆传火可靠性是指首发元件引爆传爆药、传爆药引爆主装药或点火器直接引爆主装药的能力。大多数的火工装置均由首发元件直接点燃主装药,传火距离非常短,且药室是一个容积较小的密闭系统,因此只要使用经充分验证的定型点火器或药剂,传火或传爆的可靠性就非常高。通常情况下,这部分的可靠性可假定近似为1。如果装置中使用了导爆索、延期管等中间传火装置,这时就需要验证传火序列的可靠性。

3. 功能可靠性

功能可靠性是指火工装置输出满足设计指标要求的可靠性,实质是能量转换输出和做功的能力。它是可靠性设计和分析的重点。功能可靠性的要求可以是单一的指标,如推力、速度、位移和作用时间等,也可能是这些指标的组合。

4. 结构强度可靠性

结构强度可靠性是指火工装置在完成规定功能的同时不能出现预计以外破坏的概率,是保持结构完整性的能力。结构完整性是一个约束性条件,因为火工装置可以通过增加装药量来提高输出能量,从而达到更高的功能可靠性,所以对结构(主要是壳体)的强度需要考核,避免造成结构破坏。

1.2.3 火工装置的可靠性特征量

根据火工装置实现功能的不同,从可靠性特征量的角度来考虑,火工装置可划分为成败型和性能参数型两大类[5]。

解锁类、索类以及切割类火工装置的可靠性主要用点火试验(也称发火试验)的成败结果来度量,其可靠性特征量即点火试验的失败数,故称为成败型火工装置。

推力类、弹射分离类的火工装置,不仅要求发火后能够动作,而且要求性能参数(如推冲力、分离速度等)在规定的范围内;对于拔销器、推销器等作动类火工装置,需完成一定的工作行程来实现做功,性能参数(如压力、能量等)虽然一般不会给出明显的规定范围,但在可靠性分析评价时,往往会通过试验或者历史数据给出产品性能参数的规范限。推力类、弹射分离类和作动类火工装置,可靠性特征量为这类火工装置的性能参数,本书统一称为性能参数型火工装置。

1.3 国内外研究现状及发展趋势

1.3.1 火工装置的研究现状及发展趋势

1.3.1.1 国外研究情况

在美国,随着阿波罗工程的开展以及航天飞机的研制成功,火工技术的应用开始日渐成熟和完善。1973 年 NASA 载人航天中心的 Mario J. Falbo 等提交了一份阿波罗航天火工系统的经验性报告[11],其中描述了"阿波罗"飞船用每种火工装置的机理和功能特点,并对火工装置的研制、验证、性能试验以及所用的地面支持设备进行了详细的讨论,同时给出了火工装置在未来空间飞行器上应用的一些建议。同年稍后,Lake E. R. 等在 NASA CR – 2292《航天飞机方案用火工装置的作用研究》[12]报告中列举了火工装置在航天飞机上的应用情况,同时指出了火工装置被广泛应用的原因以及火工装置所具有的独特特点等。可以说,这是两篇关于火工装置技术最主要的基础性文件。

这个阶段,美国也形成了一系列配套的 MIL 系列军标,包括 MIL – I – 23659C《电起爆器通用设计规范》[13]、MIL – STD – 1576《航天系统电起爆分系统的安全要求和试验方法》[14]、MIL – HDBK – 83578《航天飞行器爆炸系统和装置》[15]等。这些基础性标准对统一产品技术规范,保证产品质量和可靠性、安全性提供了极其重要的指导依据,并影响到其他各国的火工技术发展,欧洲地区、日本、中国等都参考采用了美国这些技术和标准。

其中 MIL – HDBK – 83578《航天飞行器爆炸系统和装置》是最基础的专业

标准,涉及产品设计、性能要求、试验和质量控制等,体现了美国在航天火工领域所达到的技术水平。该标准第一版是在1979年提出,总结了以往各种重大型号的研究成果和实践经验。1987年进行了第一次修订,完善了性能要求和检验项目。1999年又发布了最新版,该版的最大变化是引入了火工系统的概念,在标准中从发火系统到传爆装置和终端装置均有详细的描述和规定,提供了较为详尽的试验方法和分析方法,并强调了系统输入和输出能量匹配的考核。该标准从工程应用的角度,提出了设计原则、性能控制要求和试验验证方法,如规定了火炸药选用的温度要求,±20%的功能裕度验证规则,产品检验的抽检数量、验证项目等,这些准则也成为国际通用要求[1]。

但正如文献[16]中指出火工装置的设计一直是作为一种技巧对待,而不是作为一门科学对待。根据美国宇航局的一份调查报告,在1964—1987年的24年间共发生过84起严重的火工装置工作失效事件,死亡3人,其中12起发生在飞行中,而且批验收试验后发生失效的数目多于批验收前。在失效的火工装置中,用于完成机械功能和点火作用的占大多数,其他是分离系统和发火线路。从失效的原因分析,近一半是因为技术人员缺乏理解和改正失效所需的技术。其次是因为设计和应用不当,以及粗心大意等。这些情况表明在火工装置的设计科学化,如何正确测试和达到准确的可靠性等方面还存在问题[17]。为此,在1991年,为提高航天火工装置的技术水平和可靠性,NASA开始了一项火工装置系统规划,该规划主要是研究用于火工装置及系统的改进设计方法、标准和规范,强调采用计算机模拟的方法进行辅助设计和制造,目的是减小火工装置的风险,提高产品的质量[18]。

1995年,Bement和Schimmel发表了《火工装置设计、研制和鉴定手册》[5]简称《手册》,这是一篇非常重要的当代火工装置技术的指导性文献。《手册》全面评述了已使用的火工装置和系统的设计和试验,总结了研制的工程方法。《手册》的内容十分全面和丰富,系统地总结了火工装置研制的全过程,包括作用原理、火炸药材料、起爆系统、安全性、试验方法、性能、可靠性、验证要求、火工冲击、安装、寿命、失效模式及经验教训等。

在火工装置性能模拟方面,更多的研究集中在药剂燃烧或爆炸方面。从20世纪90年代开始,在NASA火工装置系统规划的推动下,装置作用过程的研究才活跃起来。Gonthier等针对NASA标准电起爆器驱动拔销器的模型,研究了拔销器内部火药燃烧及活塞运动情况,提出了多相系统的守恒原理和本构关系,并将其归并为一系列的5个常微分方程用于求解预测系统的性能[19,20]。美国航天公司的S. Goldstein等在此分析的基础上,采用MESA-2D和DYNA3D软件模拟了拔销器和电爆阀门的动力学过程,提供了结构受力和变形的信息[21,22]。

俄罗斯的火工技术水平也很高,火工元件的标准化程度非常高,如点火器实现了从ДП4-1至ДП4-5的系列化,但由于技术保密的原因,很难了解到相关详细资料和产品情况。

此外,国外关于火工装置应用技术的学术交流活动也非常活跃。其中,最为著名的是 AIAA、ASME、SAE、ASEE 联合举办的 AIAA/ASME/SAE/ASEE Joint Propulsion Conference (JPC)会议,该主题会议每年在美国不同地区举办。从第29届开始,会议下设由 Energetic Components and Systems Technical Committee (ECSTC)组织的 Energetic Components and Systems Conference 子专题,该专题会议涉及火工装置的优化设计、分析和试验、制造、可靠性、安全性,以及其他关于火工装置成功使用的关键技术等[23]。此外,还有由 IPSUSA Seminars, Inc. 与 International Pyrotechnics Society 组织的 International Pyrotechnics Seminar 会议,该会议的宗旨是促进关于含能材料科学与技术信息的交流[24]。

1.3.1.2 国内研究情况

国内的火工装置技术研究也有近50年的历史,是在参考美国和俄罗斯的技术基础上独立发展而成的。在标准方面,制定了 GJB 2034—1994《航天飞行器系统电爆分系统的安全要求和试验方法》[25]、GJB 1307A—2004《航天火工装置通用规范》[8]以及 QJ 3198—2004《航天火工装置安全技术要求》[26]等基础性标准,另外产品研制各单位也制定了一些设计规范。在著作方面:刘竹生主编的《航天火工装置》中对火工装置的分类、组成及工作原理、性能指标、装置设计、使用要求及应用实例进行了详细的论述,该书是对我国航天火工装置研制和使用经验的深入总结;王希季主编的《航天器进入与返回技术》中也对火工装置的分类、设计约束条件及要求等进行了较为全面的介绍,同时给出了火工装置定容与变容情况下装药量的工程计算方法[7]。此外,北京宇航系统工程研究所在火工技术方面也取得了大量的研究成果,并形成了一系列的指导型号应用的火工品系统研制标准。北京空间机电研究所、川南机械厂作为火工品的研制、生产单位在自主研发火工产品的同时也对国外的一些先进火工技术进行了及时的追踪和报道[27-33]。

在火工装置的设计优化方面:高滨等对卫星和火箭用分离螺母的关键设计参数进行了分析,给出了燃气压力、支撑角、螺纹角与轴向、径向载荷的关系[34];祁玉峰等论述了一种集连接、解锁、分离以及密封和泄放于一体的多功能火工装置的设计原理,同时对技术要求、方案设计、结构设计以及试验方法等进行了较详细的阐述[35]。在性能模拟方面:焦绍球等对活塞式连接分离装置的分离过程进行了内弹道建模,燃烧压力和分离速度的理论计算与试验数据吻合[36];高滨采用经典内弹道理论建立了火工作动装置的性能仿真模型,并对输出性能进行预计和分析,找出了影响输出性能的主要设计参数,并提出膨胀比的概念,用来快速判断设计的优劣[37]。在数值仿真方面:吴艳红等采用非线性有限元软件 LS – DYNA 模拟了剪切式爆炸螺栓中炸药爆炸及爆炸冲击波对爆炸螺栓盒的冲击破坏作用,盒盖变形、破坏形式、压力峰值和脉宽都与试验结果吻合较好[38];北京宇航系统工程研究所通过仿真分析,对柔性导爆索、膨胀管以及卫星包带等分离装置的破坏机理、冲击响应和运动学过程进行了研究[39-41]。

长期以来,我国火工装置的技术研究都是随具体型号任务开展,型号间的差异性也造成了我国火工装置在标准化、系列化上存在不足。近年来,随着市场化的转型,低成本、高可靠性要求的火工装置越来越受青睐,也促进了我国火工技术的进步。

1.3.2 火工装置可靠性分析评价技术的研究现状及发展趋势

1.3.2.1 国外研究情况

传爆传火可靠性研究方面[42],1984 年美国的 Stresan 在第 12 届国际炸药与烟火药会议上发表了《军械起爆系统可靠性》的论文,列举了影响传爆序列可靠性的 10 个因素,引用文献 150 余篇。1986 年,Glass 在第 13 届国际炸药与烟火药会议上发表了《影响传爆可靠性因素》的论文,文中指出,对于传爆序列中各火工品之间跨过空气隙传爆可靠性要求是 $R > 0.99999$。对这种高可靠性的要求,文中列举了目前美国普遍应用的 4 种设计和试验方法,即:

(1) 升降法(Up and Down Method)或兰里(Langlie)方法。

(2) 变组份(Varicump)技术。

(3) 计数法(go/no – go)及多因素分析评价可靠度法。

(4) 定量测定决定爆轰传递的主要参数。如爆炸能力输出、破片速度等,用定量方法分析评价可靠性。

无损检测作为火工品可靠性的相关试验方法在国外也受到了相当大的重视[43-45],近 30 年来,美国新定的火工品产品军标中基本上都规定了火工品必须 100% 经射线(γ、X 及中子射线)和电热脉冲的无损检测。同时,为了充分利用火工品设计、定型、使用等各阶段的可靠性信息,国外从 20 世纪 70 年代开始重视并发展了各种火工品可靠性的 Bayes 评估方法[46,47]、阶段信息折合方法[48]、可靠性信息融合技术[49]以及各种计算机模拟评估的方法[50]。

随着航天工程的发展,火工品开始大量应用于各种航天器上并演变出了多种航天火工装置,这些火工装置已不只是作为发火元件出现在航天器上,而往往需用其实现特定的机械功能,如航天器舱段或部件之间的压紧释放、连接解锁或分离等,这时火工装置实现功能的可靠性则变得更为重要。为此,国外开始大力研究航天火工装置的功能可靠性分析评价技术。

ESA 的 Ch. Tarrien 曾采用 Probit 统计方法来计算切割器和爆炸阀门的作用可靠度[51],其原理是对影响切割器功能的关键参数如被切割杆的直径进行试验,采用 Probit 法估计概率分布参数,并按正态分布由分布参数外推计算出了装置在设计参数点的可靠性。

从 20 世纪 90 年代开始,国外对火工装置可靠性的认识已从单纯依赖于通过重复试验进行统计转到对性能的完整理解、对失效机理的分析以及对功能裕度的验证上,MIL – HDBK – 83578《航天飞行器爆炸系统和装置》中就体现了这一趋势。

NASA 的 Bement 等指出保证火工装置可靠性最好的方法就是按性能裕度进行设计并精确制造,且发表了一系列的论文[52-54]讨论了火工装置功能裕度的确定方法,在此基础上提出了一种用于评估火工装置工作性能以及预测其功能可靠性的新方法[55]。该方法首先从测量影响产品功能实现的关键性能变量入手。通过对实际产生能量与完成功能所要求能量之间的比较来确定火工装置的性能裕度,然后使用小样本统计方法,在分析确定功能裕度所收集数据的基础上去预测火工装置的功能可靠性。该方法可用 20 个或更少的试验样本去预测火工装置的可靠性。

1996 年,在欧洲举行的"概率安全评估与管理"国际会议上,法国学者 X. Beurtey 介绍了一种用于"阿里安"–5 火工装置可靠性预测的加严试验法[3]。该方法采用加严试验的方式进行可靠性估计,在可靠性要求达到 0.9999 ~ 0.99999 的情况下,只需要 3 ~ 15 发的无失败试验量,即可确定该可靠性水平。

在搞"921"工程之际,航天某部聘请的俄罗斯航天专家也介绍了一种俄罗斯载人飞船用火工装置的可靠性试验验证方法。该方法的表现形式是一套简单的表格,如按照该表格去试验,只需要 4 ~ 11 发的无失败试验量即可确定 0.99999 的可靠度[2]。据俄罗斯有关火工装置的应用专家介绍,该方法采用小子样试验去分析评价产品的可靠性,其基本原理是以少量的产品性能裕度试验来代替大数量的成败型试验,该专家称:"这是一种'聪明'的做法,俄罗斯火工技术人员执行它就像执行法律一样。"

1.3.2.2 国内研究情况

我国火工品可靠性评估方法研究,始于 20 世纪 60 年代初的导弹及核武器用火工品。直到 80 年代初,火工品可靠性研究仍以吸收和借鉴国外研究经验和研究成果为主。1987 年,我国制定出了自己的第一个火工品可靠性军用标准 GJB 376—87《火工品可靠性评估方法》[55]以及相应配套标准 GJB 377—87《感度试验用升降法》[56]。在 GJB 376—87 中分别给出了 3 种估计火工品可靠度的方法:用计数数据估计可靠度的方法、用计量数据估计可靠度的方法以及用起爆感度数据验证火工品发火(不发火)可靠度的方法。

1) 计数法

计数法中根据试验数 n 和投产批次 N 之间关系的不同,分为两种估计可靠度的方法:用二项分布估计可靠度及用超几何分布估计可靠度。当 $N \geqslant 10n$ 时,采用二项分布模型进行可靠度估计;当 $N < 10n$ 时,用超几何分布模型估计可靠度。

对于二项分布模型,当失效数 $f = 0$ 时,其可靠度置信下限计算公式如下:

$$R_{L,C} = \sqrt[n]{1-\gamma} \tag{1-1}$$

式中:γ 为置信度;n 为试验次数;$R_{L,C}$ 为计算的可靠度置信下限。

对于超几何分布模型,当失效数 $f = 0$ 时,其可靠度置信下限计算公式如下:

$$\frac{NR_{L,C}(NR_{L,C}-1)\cdots(NR_{L,C}-n+1)}{N(N-1)\cdots(N-n+1)} = 1-\gamma \tag{1-2}$$

式中:γ 为置信度;N 为投产批次;n 为试验次数;$R_{L,C}$ 为计算的可靠度置信下限。

2) 计量法

另外一种评估可靠性的方法是性能参数的计量方法,在 GJB 376—87 中规定,当火工品某性能参数可以直接测量,样本观察值或观察值做正态变换后的值按 GB 4882—1985《数据统计处理和解释 - 正态性检验》做正态性检验后,可合理地认为服从正态分布,则可用正态规范限来计算可靠度。

首先计算测量值的均值:

$$\bar{x} = \frac{1}{n}\sum_{i=1}^{n} x_i \tag{1-3}$$

式中:$\bar{x}$ 为测量值的均值;n 为样本数;x_i 为测量值。

然后计算测量值的方差:

$$s^2 = \frac{1}{n-1}\sum_{i=1}^{n}(x_i - \bar{x})^2 \tag{1-4}$$

计算正态分布单边规范限系数

$$K_1 = \frac{M - \bar{x}}{s} \tag{1-5}$$

式中:M 为给定性能参数的上限。

由 n、K_1、γ 反查容许限系数表,可得 $x \leqslant M$ 时的性能可靠度 P_1。若给定性能参数的下限值 L,则

$$K = \frac{\bar{x} - L}{s} \tag{1-6}$$

由 n、K_2、γ 反查容许限系数表,可得 $x \geqslant L$ 时的性能可靠度 P_2。若要求 $L \leqslant$

$x \leq M$ 时,按正态分布双边容许限系数计算性能可靠度为

$$R = 1 - (P_1 + P_2) \tag{1-7}$$

3）感度试验数据外推法

在临界刺激量服从正态分布（或变换后服从正态分布）的前提下用 GJB 377—87 或其他合理的统计方法,对临界刺激量分布的平均值和标准差做出估计,得到 $\hat{\mu}$ 和 $\hat{\sigma}$。根据 $\hat{\mu}$ 和 $\hat{\sigma}$,在一定的置信水平下,按正态分布由平均临界刺激量外推,验证在给定刺激量下的发火可靠度。为使外推合理,需做如下规定:

（1）升降法数据的有效性满足 GJB 377—87 的规定。取 $\hat{\sigma}$ 的变异系数控制上限 $\delta \leq 0.2$。

（2）升降法试验中不发火的火工品,应以 2 倍全发火刺激量使其发火,如该火工品仍不发火,则该发数据无效,应重做。

（3）用升降法数据外推估计的可靠度以 0.999 为限。

（4）在总体分布未知时,假定火工品临界刺激量的分布为对数正态。

1994 年我国又提出了 GJB/Z 377A—94《感度试验用数理统计方法》[57],该标准在 GJB 377—87 的基础上增加了兰利法、OSTR 法、概率单位法和完全步进法 4 种感度试验用方法,同时可处理的感度分布模型由原来的正态分布族系扩展到了逻辑斯蒂分布族系。

在应用 Bayes 方法对火工品可靠性进行评估的领域,我国学者也做出了许多突出的贡献。1996 年,田玉斌等使用无信息先验分布的 Bayes 方法成功地实现了减小火工品可靠性试验样本量的目的[58]。1997 年赵承惠、胡双启提出用 Bayes 方法计算火工品的可靠度,成功地解决了储藏火工品用经典方法计算可靠度时所产生的"逆序"问题[59]。1999 年郭维长提出采用 $B(1/2,1/2)$ 的验前分布来处理小样本问题[60]。1999 年冯蕴雯、冯元生给出了极小子样高可靠性成败型产品试验评估中验前概率模型选取的一些建议[61]。2001 年张士峰等在传统 Bayes 方法的基础上,引入了继承系数的概念,考虑了相关产品之间的差异,得到了较传统方法更为合理的结果[62]。2001 年蔡瑞娇、田玉斌在 Bayes 方法中引入了历史数据利用率系数 k,改进了 Bayes 计数法,较好地给出了历史数据与当前数据下产品的可靠性评估问题[63]。

从 20 世纪 90 年代后,性能裕度的概念在我国也已逐渐被重视,在火工技术的基础标准中均贯穿了这一思想。我国航天部标准 QJ 1075A—1996《航天火工装置通用规范》规定性能裕度为 ±1.2,爆轰传递裕度为 ±1.25,抽样方案为一批产品随机抽取 9 发,或抽取该批产品的 10%。但不得少于 9 发,要求在确保裕度条件下,试验无失效,即为达到设计点的可靠度要求[64]。另外,在 GJB 1307—1991《卫星火工装置通用规范》[65]、QJ 1075A—1996《航天火工装置通用

规范》以及 QJ 2471—1993《卫星弹射筒通用技术条件》[66]的基础上,2004 年我国合并修订了 GJB 1307A—2004《航天火工装置通用规范》[8],该标准在原有标准的基础上引入了火工系统的概念,并采用能量裕度来替代装药裕度,使包含的内容更加全面,同时能量裕度普遍采用了±20%的规定,火工装置在满足标准所有要求后即可认为达到了可靠性的设计目标。

近年来,国内学者也已开始研究利用小子样试验信息分析评价产品的高可靠性指标。2001 年刘炳章从信息论的基本原理出发,开发了一种适用于有设计裕量的高可靠性产品进行可靠性试验的优化方法——最大熵试验法[67]。2002 年邵德生提出了基于裕度思想的火工装置可靠性设计方法,以及减少试验样本的"加严试验"验证可靠性方法,并且阐述了过程控制在可靠性方面的重要性[68]。2004 年,荣吉利等在俄罗斯方法的基础上,提出了强化试验方法[69],通过一系列的研究工作[70-74],实现了对俄罗斯方法的破译。同时,从可靠性评估理论的推导、关键参数的确定方法、强化试验方法的设计、试验用推销器的研制,到最终完成推销器的可靠性评估,全面地对强化试验方法进行了研究。除此之外,荣吉利等还开展了性能参数型火工装置的可靠性评估研究工作[71,75,76]。

2007 年蔡瑞娇等从工程试验结果的随机性和不确定性出发,提出了"试验信息熵"的概念,并从目的、要求、信息传递模型和运用的数学工具等方面比较了试验信息熵和通信信息熵的异同,给出了试验信息熵和通信信息熵的数学表达式,特别提出了高可靠性成败型产品试验结果为"零失败"时试验信息熵的特殊形式[77]。在此基础上,蔡瑞娇等提出了一种基于试验信息熵等值原理的火工品可靠性评估方法。应用该方法能以 300 发以下的样本量实现对 0.999 可靠度要求的火工品的发火可靠性评估[78]。在发表的一系列研究成果[77-80]的基础上,2008 年蔡瑞娇等最终促成了 GJB 6478—2008《火工品可靠性计量 - 计数综合评估方法》[81]的诞生,这是一个开创性的工作,使火工品可靠性评估从大样本的粗犷型方式向小子样的节约型方式转变。

第 2 章 航天火工装置可靠性小子样分析评价技术基本原理

本章共分为两大部分,分别介绍了加严试验法和性能参数型可靠性分析评价方法。加严试验法来源于应力－强度模型,它的基本思想是通过加严参数将火工装置的功能参数置于相对额定状态更为严酷的加严试验状态下,如果火工装置在这种条件下都能正常作用完成规定功能,那么可分析评价出火工装置在额定条件下应该具有更高的可靠性。此外,本章第 2 节中针对加严试验法无法分析评价性能参数型火工装置可靠性的问题,给出了两类基于参数测量的性能参数型可靠性分析评价方法,可实现对性能参数型火工装置及其他性能参数型航天器机构的可靠性分析评价。

2.1 加严试验法

本节将基于应力－强度干涉理论以及可靠性经典置信下限理论,通过引入储备系数、加严参数、变异系数等基本概念,给出加严试验法的基本原理。

2.1.1 应力－强度干涉理论

自 1942 年 Pugsley 提出应力－强度干涉理论以来,应力－强度干涉理论在航天与机械工程领域,特别是在可靠性分析、可靠性设计中得到了广泛应用[82,83]。应力－强度干涉理论已成为产品裕度概率设计和可靠性计算的重要模型之一。

对于典型的应力－强度型产品而言,应力仅指机械应力,而强度仅指承载能力。为了将应力－强度干涉理论应用到其他类产品上去,必须将传统的应力与强度的概念加以扩展,扩展后的应力是指凡是引起产品失效的因素都可以视为应力,而扩展后的强度是指凡是阻止产品失效的因素都可视为强度(本书中后续章节提及的应力、强度如无特殊说明均指扩展后的概念)。按照这样的概念,以解锁类火工装置为例:当研究其功能可靠性时,可将影响装置完成功能的结构阻力(如剪切销的抗剪力)视为应力,将点火器提供的燃气峰值压力视为强度;而当研究其结构强度可靠性时则将燃气峰值压力视为应力,将壳体的强度视为强度。

若假定产品的应力与强度各自服从某已知分布,并设定二者取同一量纲,则它们的概率密度分布函数可以用图 2-1 表示。

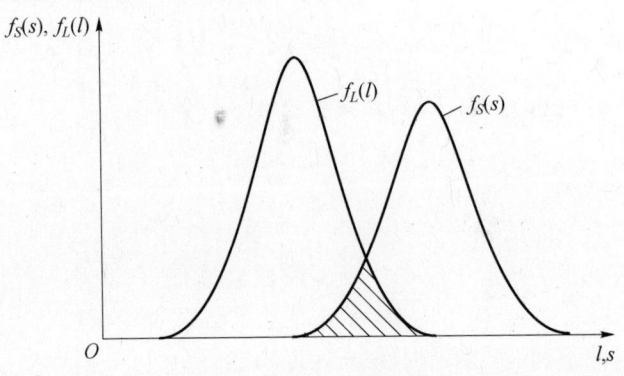

图 2-1 应力-强度模型

图 2-1 中 $f_L(l)$ 是作用于产品上的应力分布密度函数,$f_S(s)$ 是产品强度的分布密度函数。通常产品强度高于产品上的应力(强度 S 的分布曲线位于应力 L 分布曲线的右侧)。但由于强度 S、应力 L 的随机散布,使得二者分布曲线可能发生相交。这个相交区域如图 2-1 中的阴影部分,成为"干涉区"。在此区域内,有可能发生强度 S 小于应力 L 的情况,并由此而产生产品的功能失效。

根据工程知识,只要产品具有的强度 S 大于作用其上的应力 L,则该产品的工作就是可靠的。因此产品的可靠度 R 可表示为

$$R = P\{S > L\} = P\{S - L > 0\} \tag{2-1}$$

式中:L 为具有分布密度函数 $f_L(l)$ 的产品应力;S 为具有分布密度函数 $f_S(s)$ 的产品强度。

由图 2-2 可见,强度 S 大于应力 l_0 的概率为

$$P\{S > l_0\} = \int_{l_0}^{\infty} f_S(s)\,\mathrm{d}s \tag{2-2}$$

应力 l_0 处于 $\mathrm{d}l$ 区间内的概率为

$$P\left\{l_0 - \frac{\mathrm{d}l}{2} \leqslant L \leqslant l_0 + \frac{\mathrm{d}l}{2}\right\} = f_L(l_0)\,\mathrm{d}l \tag{2-3}$$

假定 $S > l_0$ 与 $l_0 - \mathrm{d}l/2 \leqslant L \leqslant l_0 + \mathrm{d}l/2$ 为两个独立的随机事件,根据概率乘法定理,两个独立事件同时发生的概率等于这两个事件单独发生的概率的乘积。这个概率的乘积就是应力在 $\mathrm{d}l$ 区间内产品的可靠度,有

$$\mathrm{d}R = f_L(l_0)\,\mathrm{d}l \cdot \int_{l_0}^{\infty} f_S(s)\,\mathrm{d}s \tag{2-4}$$

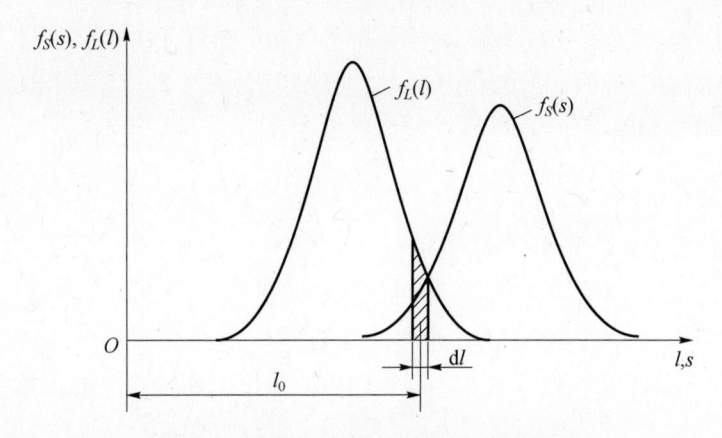

图 2-2 概率密度函数联合积分法原理图

式中：l_0 为应力区间内的任意值。若考虑整个应力区间内强度大于应力的概率即为可靠度，则有

$$R = P\{S > L\} = \int_{-\infty}^{\infty} f_L(l) \left[\int_{l}^{\infty} f_S(s) \mathrm{d}s \right] \mathrm{d}l \tag{2-5}$$

根据研究问题的需要，本书这里仅给出应力、强度均是正态分布时可靠度 R 的计算公式。

设应力 L 服从参数为 μ_l、σ_l 的正态分布，记为 $L \sim N(\mu_l, \sigma_l^2)$；强度 S 服从参数为 μ_s、σ_s 的正态分布，记为 $S \sim N(\mu_s, \sigma_s^2)$。为求得产品的可靠度，可令强度对应力的余量为 Z，即 $Z = S - L$，根据正态分布随机变量和（差）仍为正态分布的性质，则变量 Z 服从参数为 μ_z、σ_z 的正态分布，且有 $\mu_z = \mu_s - \mu_l$，$\sigma_z = \sqrt{\sigma_s^2 + \sigma_l^2}$。

于是产品可靠度可表示为

$$R = P\{S - L > 0\} = P\{Z > 0\} = \int_{0}^{\infty} \frac{1}{\sqrt{2\pi}\sigma_z} \mathrm{e}^{-\frac{1}{2}\left(\frac{Z-\mu_z}{\sigma_z}\right)^2} \mathrm{d}z \tag{2-6}$$

将式(2-6)化为标准正态分布，令 $u = \dfrac{Z - \mu_z}{\sigma_z}$，则 $\mathrm{d}u = \dfrac{\mathrm{d}Z}{\sigma_z}$。当 $Z = 0$，$u = -u_R = -\dfrac{\mu_z}{\sigma_z}$；当 $Z \to \infty$，$u \to \infty$。因此可靠度可写为

$$R = P\{Z > 0\} = \int_{-\infty}^{u_R} \frac{1}{\sqrt{2\pi}} \mathrm{e}^{-\frac{1}{2}u^2} \mathrm{d}u = \Phi(u_R) \tag{2-7}$$

式(2-7)的积分上限为

$$u_R = \frac{\mu_z}{\sigma_z} = \frac{\mu_s - \mu_l}{\sqrt{\sigma_s^2 + \sigma_l^2}} \tag{2-8}$$

式(2-8)把应力分布参数、强度分布参数和可靠性三者联系起来,称为"联结方程",是可靠性分析与设计中的一个重要的表达式。u_R 称为联结系数,通常又称为可靠性系数,是产品可靠性分析的安全指标。当已知 u_R,从标准正态分布表中可查出可靠度 R 的值。

2.1.2 可靠度经典置信下限

在初等统计学中,有点估计、区间估计和假设检验等统计推断形式,同样每种统计推断形式中也存在着许多种方法[42,84],这里由于需要只介绍区间估计中的置信区间方法(又称为经典方法),进而由其给出二项分布下的可靠度经典置信下限。

1) 置信区间方法(经典置信区间)

设 X 的密度函数为 $f(x;\theta)$,或概率函数为 $p_k(\theta)$,θ 为未知参数。记 $\xi = (X_1, X_2,\cdots,X_n)$ 表示 X 的样本。设 $\theta_1(\xi)$、$\theta_2(\xi)$ 是 ξ 的两个函数,且 $\theta_1(\xi) \leq \theta_2(\xi)$。$\theta_1(\xi)$ 与 $\theta_2(\xi)$ 都是随机变量,故区间 $[\theta_1(\xi),\theta_2(\xi)]$ 是一个随机区间,即其两个端点和长度都是与 θ 有关的随机变量。

给定一个数 $0 < \gamma < 1$,若

$$P\{\theta_1(\xi) \leq \theta \leq \theta_2(\xi)\} \geq \gamma \tag{2-9}$$

成立,则称 $[\theta_1(\xi),\theta_2(\xi)]$ 为参数 θ 的置信区间,$\theta_1(\xi)$、$\theta_2(\xi)$ 称为置信限,γ 称为置信度或置信水平,而式(2-9)的左边概率称为置信系数。

在许多场合,只关心参数 θ 在一个方向的界限。若

$$P\{\theta \geq \theta_L\} \geq \gamma \tag{2-10}$$

成立,则称 θ_L 为参数 θ 的具有置信度 γ 的置信下限,式(2-10)左边为置信系数。若

$$P\{\theta \leq \theta_U\} \geq \gamma \tag{2-11}$$

成立,则称 θ_U 为参数 θ 的具有置信度 γ 的置信上限,式(2-11)左边为置信系数。

构造置信区间的方法主要有 3 种:枢轴量方法、统计量方法和假设检验方法。这里只介绍统计量方法。

设参数 θ 的极大似然估计为 $t(\xi)$,其密度函数为 $g(t,\theta)$,或概率函数为 $p(t,\theta)$,将样本观测值代入 $t(\xi)$ 得 t',则 θ 的置信度为 γ 的置信区间 $[\theta_1,\theta_2]$ 的边界值为

$$\int_{t'}^{\infty} g(t,\theta_1)\mathrm{d}t = \frac{1-\gamma}{2}, \int_{-\infty}^{t'} g(t,\theta_2)\mathrm{d}t = \frac{1-\gamma}{2} \tag{2-12}$$

或

$$\sum_{t \geqslant t'} p(t,\theta_1) = \frac{1-\gamma}{2}, \sum_{t \leqslant t'} p(t,\theta_2) = \frac{1-\gamma}{2} \qquad (2-13)$$

置信下限或置信上限为

$$\int_{t'}^{\infty} g(t,\theta_L) \mathrm{d}t = 1-\gamma, \int_{-\infty}^{t'} g(t,\theta_U) \mathrm{d}t = 1-\gamma \qquad (2-14)$$

或

$$\sum_{t \geqslant t'} p(t,\theta_L) = 1-\gamma, \sum_{t \leqslant t'} p(t,\theta_U) = 1-\gamma \qquad (2-15)$$

2) 可靠度置信下限

实际工程中可靠度总是越大越好,故计算时一般只要求计算可靠度置信下限 R_L。R_L 是估计值。

设可靠度为 R 的二项总体的试验结果为(样本量,失败数) $=(n,f)$,$s=n-f$,给定置信度 γ,求出 R_L 使之成立:

$$P\{R \geqslant R_L\} \geqslant \gamma \qquad (2-16)$$

式中:$P\{R \geqslant R_L\}$ 为置信系数。

根据式(2-15),称满足式(2-17)的 $R_{L,C}$ 为可靠度 R 的置信度为 γ 的经典置信下限或非随机化最优置信下限。

$$\sum_{x=0}^{f} \binom{n}{x} R_{L,C}^{n-x}(1-R_{L,C})^x = 1-\gamma, \quad f=0,1,\cdots,n-1 \qquad (2-17)$$

当 $f=n$ 时,规定 $R_{L,C}=0$。式(2-17)的解为

$$R_{L,C} = \left(1 + \frac{f+1}{s} F_{\gamma}(2f+2,2s)\right)^{-1} \qquad (2-18)$$

式中,$F_{\gamma}(x,y)$ 是 F 分布分位数。

特别是当 $f=0$ 时,式(2-18)为

$$R_{L,C} = (1-\gamma)^{1/n} \qquad (2-19)$$

当给定 $f=0$、$R_{L,C}$ 及 γ 时,可靠性分析评价试验所需的样本量 n 为

$$n = \left[\frac{\lg(1-\gamma)}{\lg R_{L,C}}\right] + 1 \qquad (2-20)$$

式中:$[x]$ 表示 x 的整数部分。

式(2-20)可用于计算在给定可靠度下限情况下,用置信度 γ 验证火工装置是否达到这个可靠度下限所需的最小样本量。当用这个样本量进行试验且无一发失败时,就认为在 γ 下达到了这个给定的可靠度下限。

经典置信下限 $R_{L,C}$ 满足下述3个条件：

(1) 精确性。对给定的置信度 γ，区间(0,1)上的一切 R 均满足 $P\{R \geq R_{L,C}\} \geq \gamma$。

(2) 正则性。当失败次数的观测值 f 增加时，$R_{L,C}$ 下降。

(3) 最优性。$R_{L,C}$ 应尽可能地大。

2.1.3 加严试验原理

加严试验法的中心思想是将火工装置的功能参数置于相对额定状态更为严酷的加严试验状态下，用传统的成败型试验方法评估其加严试验状态下的可靠性，然后结合火工装置的功能特性推导出它在额定状态下的高可靠性。

根据加严试验的中心思想，加严试验可以选择对应力或强度强化的方式来实现。当对应力强化时应加大应力，此时应力曲线应该右移；当选择对强度强化时应减小强度，此时强度曲线应该左移。本书这里只给出对强度强化的情况，以说明加严试验的基本原理。

如图 2-3 所示，设：应力 L 服从参数为 μ_l、σ_l 的正态分布，概率密度函数为 $f_L(l)$；额定状态（设计状态）下强度 S 服从参数为 μ_s、σ_s 的正态分布，概率密度函数为 $f_S(s)$；加严试验状态下强度 H 服从参数为 μ_h、σ_h 的正态分布，概率密度函数为 $f_H(h)$。

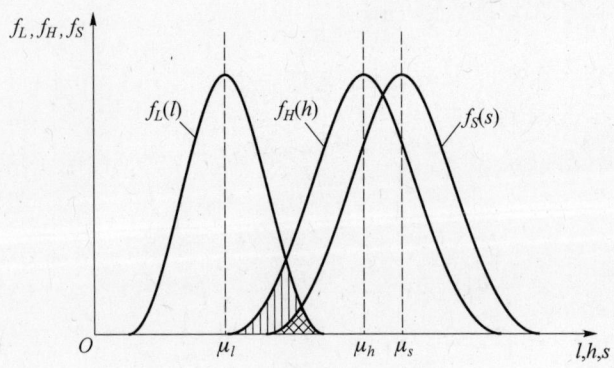

图 2-3 加严试验模型

首先，引入储备系数这一定义，令 $\eta_s = \mu_s/\mu_l$ 为额定状态下的储备系数，$\eta_h = \mu_h/\mu_l$ 为加严试验状态下的储备系数，那么额定状态下的可靠度 R_N 为

$$R_N = \Phi \frac{\mu_s - \mu_l}{\sqrt{\sigma_s^2 + \sigma_l^2}} = \Phi \frac{\eta_s - 1}{\sqrt{\eta_s^2 c_s^2 + c_l^2}} \qquad (2-21)$$

式中：$c_s = \sigma_s/\mu_s$ 为额定状态下强度 S 分布的变异系数；$c_l = \sigma_l/\mu_l$ 为应力 L 分布的变异系数。

加严试验状态下的可靠度 R_H 为

$$R_H = \Phi \frac{\mu_h - \mu_l}{\sqrt{\sigma_h^2 + \sigma_l^2}} = \Phi \frac{\eta_h - 1}{\sqrt{\eta_h^2 c_h^2 + c_l^2}} \qquad (2-22)$$

式中:$c_h = \sigma_h/\mu_h$ 为加严试验状态下强度 H 分布的变异系数。

显然,进行加严试验时,加严试验状态下的储备系数 η_h 将小于额定状态下的储备系数 η_s,继而假设存在一个加严参数 k 使得 η_h 和 η_s 的值相互关联,即

$$k = \frac{\eta_h}{\eta_s} = \frac{\mu_h}{\mu_s} \frac{\mu_l}{\mu_l} = \frac{\mu_h}{\mu_s} \qquad (2-23)$$

把式(2-21)中 R_N 看成是 η_s 的函数,对 η_s 求导可得

$$\frac{\partial R_N}{\partial \eta_s} = \varphi \frac{\eta_s - 1}{\sqrt{\eta_s^2 c_s^2 + c_l^2}} \cdot \frac{\eta_s c_s^2 + c_l^2}{(\eta_s^2 c_s^2 + c_l^2)^{\frac{3}{2}}} \qquad (2-24)$$

式中:$\varphi(x)$ 为标准正态概率密度函数。

由式(2-24)可知 $\partial R_N/\partial \eta_s$ 是恒大于 0 的,也即 R_N 是关于 η_s 的严格单调递增函数。假设额定状态下需分析评价的可靠度置信下限为 $R_{L,N}$,则有

$$\eta_{L,s} = 1 + \Phi^{-1}(R_{L,N}) \sqrt{\eta_{L,s}^2 c_s^2 + c_l^2} \qquad (2-25)$$

式中:$\eta_{L,s}$ 为额定状态下的储备系数下限。

由式(2-25)可知,分析评价额定状态下可靠度置信下限 $R_{L,N}$ 的问题可转化为分析评价其储备系数下限 $\eta_{L,s}$ 的问题。再由式(2-23)给出的加严参数 k 使得额定状态下的储备系数下限 $\eta_{L,s}$ 与加严试验状态下的储备系数下限 $\eta_{L,h}$ 相关联,也即分析评价额定状态下的储备系数下限问题最终可转化为分析评价加严试验状态下的储备系数下限问题。

假设在加严试验状态下做了 n 次成败型试验,无一失效,则由无失效条件下的经典置信下限公式(2-19),可得

$$R_{L,H} = \Phi \frac{\eta_{L,h} - 1}{\sqrt{\eta_{L,h}^2 c_h^2 + c_l^2}} = R_{L,C} = (1 - \gamma)^{\frac{1}{n}} \qquad (2-26)$$

由式(2-26)可知,$\eta_{L,h}$ 可由加严试验状态下的成败型试验获得,通过上面的分析,则可以通过加严试验状态下的成败型试验来实现分析评价产品额定状态下可靠性的目的。

2.1.4 加严试验法的可靠性分析评价原理

产品的可靠性分析评价是通过试验获得可靠性信息,继而对产品的可靠性做出评估,而以小样本试验统计验证产品高可靠性的难点是试验给出的个体概

率特征信息极少。实际上,经典置信下限法使用了最少量的成败型信息,并且每次试验中所获得信息的这一缺点需用增加试验次数来补偿。因而,进行小样本试验时,为了验证高可靠性,必须在每次试验中获得更多的试验信息量。这时如何定量地度量试验信息量将成为评估工作的首要问题。为此,引入信息理论中信息量的定义,以火工装置实现功能概率对数的负值度量其可靠性试验信息量,即 $TH = -\log_a P$。一般在可靠性试验中取对数底 a 为 e,单位为奈特[67,78]。

在我们所做的成败型可靠性试验中,所获得的可靠性试验信息量为

$$TH = -\ln R = -\ln(1-Q) \tag{2-27}$$

式中:R 为产品的可靠度;Q 为产品的不可靠度。

可见,TH 随着 R 递减,在可靠性高,即 R 大处对应的性能参数点做试验,单发试验成功获得的可靠性试验信息量小,而在可靠度低,R 小的点做试验,单发试验成功获得的信息量反而大。因此,将火工装置性能参数置于相对额定条件更为严酷的加严试验状态下可以获得更多的可靠性试验信息量,即有 $TH_d > TH_p$。在零失效时,根据可靠性经典置信下限公式 $R_{L,C} = \sqrt[n]{1-\gamma}$,对其两边取对数,有

$$n_H(-\ln R_{L,H}) = n_N(-\ln R_{L,N}) = -\ln(1-\gamma) \tag{2-28}$$

式中:n_H、n_N 分别为加严试验状态和额定状态下所需的试验次数;$R_{L,H}$、$R_{L,N}$ 分别为加严试验状态和额定状态下的可靠度置信下限;γ 为置信度。

由式(2-28)可知,当成败型试验的置信度要求一旦给定,则整个试验所要求的总的可靠性试验信息量就固定了。由于 $-\ln R_{L,H} > -\ln R_{L,N}$,所以 $n_H < n_N$,在额定状态下做试验所需要的样本量,就必定大于在加严试验状态下做试验所需要的样本量。

2.2 性能参数型可靠性分析评价方法

由于性能参数型火工装置的性能参数将受到下规范限和上规范限双侧参数的限制(或只受到单侧参数的限制),这类装置无法通过加严试验的方式来分析评价其可靠性。本节根据性能参数型火工装置通常已知或可获取性能参数规范限的特点,提出了两类计算其可靠度置信下限的工程化方法,统称为性能参数型可靠性分析评价方法。

2.2.1 基于非中心 t 分布的可靠性分析评价方法

设随机变量 $X_1 \sim N(\mu_1, \sigma_1^2)$,$X_2 \sim N(\mu_2, \sigma_2^2)$,$X_1$ 与 X_2 相互独立,且其分布参数均未知。$x_1, x_2, \cdots, x_e$ 为 X_1 的 e 个样本,样本均值和标准差分别为 $\bar{x}_1$ 和 s_1;

$y_1, y_2, \cdots, y_f$ 为 X_2 的 f 个样本,样本均值和标准差分别为 $\bar{x}_2$ 和 s_2。此种可靠性分析评价模型称为双正态分布模型。

构造随机变量 W 为 X_1 和 X_2 两个随机变量之差,即

$$W = X_1 - X_2 \tag{2-29}$$

其样本均值为

$$\overline{W} = \frac{1}{T} \sum_{i=1}^{e} \sum_{j=1}^{f} (x_i - y_j) \tag{2-30}$$

方差为

$$s_w^2 = \frac{1}{T-1} \sum_{k=1}^{T} (W_k - \overline{W})^2 \tag{2-31}$$

式中:$T = e \cdot f$。

令 $K = \overline{W}/s_w$,根据正态分布随机变量和(差)仍为正态分布的性质,可知随机变量 W 服从正态分布,且 $W \sim N(\mu_w, \sigma_w^2)$。

式中:$\mu_w = \mu_1 - \mu_2$;$\sigma_w^2 = \sigma_1^2 + \sigma_2^2$。

由数理统计知识可知 $\overline{W} \sim N(\mu_w, \sigma_w^2/T)$,从而可以得到 $\sqrt{T}(\overline{W} - \mu_w)/\sigma_w \sim N(0,1)$。产品的可靠性计算公式为

$$R = \Phi \frac{\mu_w}{\sigma_w} \tag{2-32}$$

根据文献[84]所述,可将式(2-32)中均值和标准差看做由随机样本确定的随机变量。因此,可将 R 看成随机变量。

可靠度 R 的置信下限 R_L 为

$$R_L = \Phi(U_{R_L}) \tag{2-33}$$

式中:U_{R_L} 为 R_L 对应的标准正态分布的区间点。

从式(2-33)可以看出,要求解可靠度置信下限 R_L 需先求出 U_{R_L}。下面将给出 U_{R_L} 的计算方法。

在给定置信度 γ 下可靠度 R 的置信下限 R_L 通过下式计算:

$$\gamma = P\{R \geq R_L\} \tag{2-34}$$

将式(2-32)和式(2-33)代入式(2-34)中可得

$$\gamma = P\{\Phi(\mu_w/\sigma_w) \geq \Phi(U_{R_L})\} \tag{2-35}$$

因为标准正态分布的分布函数 Φ 在 $(-\infty, +\infty)$ 上为单调递增函数,故式(2-35)等价于

$$\gamma = P\left\{\frac{\mu_w}{\sigma_w} \geq U_{R_L}\right\} \qquad (2-36)$$

对式(2-36)进行恒等变形,可得

$$\gamma = P\left\{\frac{\sqrt{T}(\overline{W}-\mu_w)/\sigma_w + \sqrt{T}U_{R_L}}{s_w/\sigma_w} \leq \sqrt{T}K\right\} \qquad (2-37)$$

式中:$\sqrt{T}(\overline{W}-\mu_w)/\sigma_w \sim N(0,1)$,统计量$\sqrt{T}(\overline{W}-\mu_w)/\sigma_w$仅依赖于$\overline{W}$。

根据统计学知识可知:$(T-1)s_w^2/\sigma_w^2 \sim \chi^2(T-1)$,统计量$(T-1)s_w^2/\sigma_w^2$仅依赖于$s_w^2$。由文献[85]可知,$\overline{W}$与$S_w^2$相互独立,故统计量$\sqrt{T}(\overline{W}-\mu_w)/\sigma_w$与$(T-1)S_w^2/\sigma_w^2$也相互独立,所以有以下结论:

随机变量$\dfrac{\sqrt{T}(\overline{W}-\mu_w)/\sigma_w + \sqrt{T}U_{R_L}}{s_w/\sigma_w}$服从自由度为$T-1$,非中心参数为$\sqrt{T}U_{R_L}$的非中心$t$分布。

式(2-37)可写为

$$\gamma = F_{T-1,\sqrt{T}U_{R_L}}(\sqrt{T}K) \qquad (2-38)$$

式中,$F_{n,\sigma}(x)$表示自由度为n、非中心参数为σ的非中心t分布的分布函数在x处的值。

式(2-38)实际上是GJB 376—87《火工品可靠性评估方法》中所给计量法的推广。在式(2-38)中,当随机变量X_2的方差为零时,即为GJB 376—87中所给评价方法。

2.2.2 基于储备系数的可靠性分析评价方法

对于性能参数型火工装置,可根据其工作特点确定火工装置的具体性能参数及其规范限。以后每个参数的性能参数可写成不等式形式,即

$$x_a > x_p \quad \text{或} \quad \eta > 1 \qquad (2-39)$$

式中:$\eta = x_a/x_p$为所研究参数的储备系数;x_p、x_a分别为参数的实际值和容许值。这时该性能参数的可靠度可写为

$$R = P\{\eta > 1\} \qquad (2-40)$$

假设储备系数η服从正态分布,关系式(2-40)的形式为

$$R = P\{\eta > 1\} = \Phi\frac{\mu_\eta - 1}{\sigma_\eta} \qquad (2-41)$$

式中:μ_η为储备系数的数学期望;σ_η为储备系数的标准差。

运用线性化方法估计μ_η和σ_η。首先给出二元函数$f(x,y)$在(x_0,y_0)处的

泰勒级数展开式并局限于线性项,有

$$f(x,y) = f(x_0,y_0) + \frac{\partial f(x,y)}{\partial x}\bigg|_{\substack{y=y_0\\x=x_0}} \cdot (x-x_0) + \frac{\partial f(x,y)}{\partial y}\bigg|_{\substack{y=y_0\\x=x_0}} \cdot (y-y_0)$$

(2-42)

假设 x_0、y_0 分别为自变量 x、y 的数学期望,则对式(2-42)求数学期望和方差,有

$$E[f(x,y)] = E[f(x_0,y_0)] + \frac{\partial f(x,y)}{\partial x}\bigg|_{\substack{y=y_0\\x=x_0}} \cdot E(x-x_0) + \frac{\partial f(x,y)}{\partial y}\bigg|_{\substack{y=y_0\\x=x_0}} \cdot E(y-y_0)$$

$$= f(x_0,y_0) \qquad (2-43)$$

$$D[f(x,y)] = D[f(x_0,y_0)] + \left[\frac{\partial f(x,y)}{\partial x}\bigg|_{\substack{y=y_0\\x=x_0}}\right]^2 \cdot D(x-x_0)$$

$$+ \left[\frac{\partial f(x,y)}{\partial y}\bigg|_{\substack{y=y_0\\x=x_0}}\right]^2 \cdot D(y-y_0)$$

$$= \left[\frac{\partial f(x_0,y_0)}{\partial x}\right]^2 \cdot D(x) + \left[\frac{\partial f(x_0,y_0)}{\partial y}\right]^2 \cdot D(y) \qquad (2-44)$$

同理,将 η 的函数在自变量的数学期望邻域内展成泰勒级数并求其数学期望和方差,可得

$$\mu_\eta = \frac{\mu_{x_a}}{\mu_{x_p}} \qquad (2-45)$$

$$\sigma_\eta = \sqrt{\left(\frac{\partial \eta}{\partial x_a}\right)_\mu^2 (\sigma_{x_a})^2 + \left(\frac{\partial \eta}{\partial x_a}\right)_\mu^2 (\sigma_{x_p})^2} \qquad (2-46)$$

式中,μ_{x_p},μ_{x_a},σ_{x_p},σ_{x_a} 分别为实际参数值和容许参数值的数学期望和标准差。σ_η 表达式中的角标"μ"表示在自变量数学期望点上取偏导数。

经过变换以后 σ_η 的表达式为

$$\sigma_\eta = \sqrt{\frac{1}{(\mu_{x_p})^2}(\sigma_{x_a})^2 + \frac{(\mu_{x_a})^2}{(\mu_{x_p})^4}(\sigma_{x_p})^2} = \mu_\eta \sqrt{(c_{x_p})^2 + (c_{x_a})^2} \qquad (2-47)$$

式中,$c_{x_p} = \sigma_{x_p}/\mu_{x_p}$;$c_{x_a} = \sigma_{x_a}/\mu_{x_a}$ 分别为实际参数值和容许参数值的变异系数。

将 σ_η 的表达式代入关系式(2-41),得

$$R = \Phi\left\{\frac{\mu_\eta - 1}{\mu_\eta \sqrt{(c_{x_p})^2 + (c_{x_a})^2}}\right\} \qquad (2-48)$$

因此,为了估计该参数的可靠度,必须知道实际参数值和容许参数值的变异

系数,以及储备系数 η。

进行分析时,将所研究参数的变异系数值看成已知。引入这一假设不会降低研究的实际价值。实际上,变异系数具有稳定性质,它们的值可按以往同类型产品的试验数据统计分析得出。如果产品处于新研制阶段,以往试验数据较少时,也可根据国标[86]利用样本实测值计算得出。

储备系数值将按试验的结果估计。下面假定每 i 次试验过程中,均进行实际参数值 x_{pi} 和容许参数值 x_{ai} 的测量。按测量结果可计算储备系数值 $\eta_i = x_{ai}/x_{pi}$。

因此,对该参数进行 n 次试验后,得到样本值 $\eta_1, \eta_2, \cdots, \eta_n$。根据样本值 η_i 用数理统计方法求出储备系数的数学期望估计

$$\hat{\mu}_\eta = \sum_{i=1}^{n} \eta_i / n \qquad (2-49)$$

这个估计的数学期望与真值相等,即 $E\{\hat{\mu}_\eta\} = \mu_\eta$。式(2-45)估计的标准差计算如下:

$$\sigma_{\hat{\mu}_\eta} = \frac{\sigma_\eta}{\sqrt{n}} = \frac{\mu_\eta \sqrt{(c_{x_p})^2 + (c_{x_a})^2}}{\sqrt{n}} \approx \frac{\hat{\mu}_\eta \sqrt{(c_{x_p})^2 + (c_{x_a})^2}}{\sqrt{n}} \qquad (2-50)$$

已知 $\hat{\mu}_\eta$ 便可求得可靠度的点估计

$$\hat{R} = \Phi\left\{\frac{\hat{\mu}_\eta - 1}{\hat{\mu}_\eta \sqrt{(c_{x_p})^2 + (c_{x_a})^2}}\right\} \qquad (2-51)$$

显然,$\hat{\mu}_\eta$ 的值,以及 $\hat{R}$ 是随机量。因此为了求得可信的结果,必须改为区间估计。从实际问题出发,这里只对可靠度置信下限进行求解。把式(2-48)中 R 看成是 μ_η 的函数,对 μ_η 求导可得

$$\frac{\partial R}{\partial \mu_\eta} = \varphi\left\{\frac{\mu_\eta - 1}{\mu_\eta \sqrt{(c_{x_p})^2 + (c_{x_a})^2}}\right\} \cdot \frac{1}{\mu_\eta^2 \sqrt{(c_{x_p})^2 + (c_{x_a})^2}} \qquad (2-52)$$

式中,$\varphi(x)$ 表示标准正态概率密度函数。

由式(2-52)可知 $\partial R/\partial \mu_\eta$ 是恒大于 0 的,也即 R 是关于 μ_η 的严格单调递增函数,故可靠度置信下限表达式可写为

$$R_L = \Phi\left\{\frac{\eta_L - 1}{\eta_L \sqrt{(c_{x_p})^2 + (c_{x_a})^2}}\right\} \qquad (2-53)$$

式中,η_L 为储备系数的置信度为 γ 的置信下限。

由式(2-53)可知,求可靠度置信下限的问题转化为求储备系数的置信下

限。由于储备系数 η 服从正态分布,故储备系数的数学期望估计 $\hat{\mu}_\eta$ 仍服从正态分布,且由置信下限的关系式,有

$$P\{\hat{\mu}_\eta - \mu_\eta < \varepsilon_\gamma\} = P\left\{\frac{\hat{\mu}_\eta - \mu_\eta}{\sigma_{\hat{\mu}_\eta}} < \frac{\varepsilon_\gamma}{\sigma_{\hat{\mu}_\eta}}\right\} = \gamma \qquad (2-54)$$

由于 $(\hat{\mu}_\eta - \mu_\eta)/\sigma_{\hat{\mu}_\eta}$ 服从标准正态分布,故存在

$$\Phi\left\{\frac{\varepsilon_\gamma}{\sigma_{\hat{\mu}_\eta}}\right\} = \gamma \qquad (2-55)$$

可得

$$\varepsilon_\gamma = \sigma_{\hat{\mu}_\eta} \cdot \Phi^{-1}\{\gamma\} \qquad (2-56)$$

式中,$\Phi^{-1}\{x\}$ 为标准正态分布函数的反函数。

由此可知,置信度为 γ 的储备系数下限 η_L 为

$$\eta_L = \hat{\mu}_\eta - \sigma_{\hat{\mu}_\eta} \cdot \Phi^{-1}\{\gamma\} \qquad (2-57)$$

根据式(2-50),得

$$\eta_L = \hat{\mu}_\eta \left\{1 - \frac{u_\gamma}{\sqrt{n}}\sqrt{(c_{x_p})^2 + (c_{x_a})^2}\right\} \qquad (2-58)$$

式中,$u_\gamma = \Phi^{-1}\{\gamma\}$ 为与所取置信度 γ 相应的分位数。

把 η_L 的值代入式(2-53),即可求得可靠度置信下限 R_L。

2.3 小结

从加严试验法的推导过程中可以看出,加严试验法实施的关键是确定加严参数和变异系数。为此,本书将结合火工装置的实际工作特点给出这两个关键参数的确定方法。本章值得说明的是:

(1) 由式(2-18)可知,当成败型试验失效数不为 0 时,可靠性经典置信下限 $R_{L,C}$ 的解是同样存在的,也就是说本节所要求的"加严试验无一失效",并不是数学理论上的约束,而是从实际工程应用角度提出,因为采用加严试验状态下较差的可靠性去推断设计状态高可靠性的做法显然不可取,而且"加严试验无一失效"的原则还可有效地避免实际试验中产品失效机理的改变。

(2) 加严试验法是将火工装置的功能参数置于相对额定状态更为严酷的加严试验状态下完成的,其方法不是直接地、全面地考核经设计、制造到交付的完整技术状态的产品,或者说不是在制造的批产品中随机抽取完整技术状态的产品进行试验。因此,应当对应用加严试验法的产品进行严格的质量控制,避免出现失效机理的改变而失去代表性。

(3) 本章所给出的加严试验法的推导过程基于正态分布模型给出,但原则上加严试验法的思想同样也适合于其他类型的分布模型。

(4) 本章给出的两类性能参数型可靠性分析评价方法,是作者在科研工作中基于不同理论依据所给出的相关研究成果,对性能参数型火工装置的可靠性分析评价而言均可使用,读者可根据工程实际需要进行选取。

第 3 章 解锁类火工装置可靠性小子样分析评价方法

解锁类火工装置广泛应用于航天器上,实现目标连接物的连接解锁功能,如连接分离两个舱体的解锁螺栓、分离减速伞连接绳的脱伞螺栓以及载人飞船上常用的火工锁[7,87]等。由于其作用十分关键,故一般对其设计可靠性要求非常高,如 0.9999~0.99999(置信度 0.95)。

本章针对解锁类火工装置多属定容腔工作的特点,基于诺贝尔-艾贝尔方程的量化关系,采用改变药量或腔体容积的加严试验方式,提出了适用于解锁类火工装置可靠性分析评价的加严试验方法;同时针对解锁类火工装置设计中常用的冗余设计结构,根据其冗余设计的特点,采用减少药筒数量或同时改变药筒药量的加严试验方式,给出了适用于冗余设计解锁类火工装置可靠性分析评价的加严试验方法。本章最后则针对冗余与非冗余设计解锁类火工装置的异同点,给出了各自可靠性分析评价试验所需关键参数的确定方法。

这里应先说明的是,为了区分冗余设计与非冗余设计的解锁类火工装置,在不至于引起误解的情况下,本书中将非冗余设计的解锁类火工装置直接称之为解锁类火工装置,而将冗余设计的解锁类火工装置称之为冗余设计火工装置。

3.1 解锁类火工装置及其工作原理分析

典型的解锁类火工装置有连接分离两个舱体的解锁螺栓、分离减速伞连接绳的脱伞螺栓以及载人飞船上常用的火工锁等。下面以剪切销式解锁螺栓和钢球连接式解锁螺栓为例,说明解锁类火工装置实现功能的特点。

剪切式解锁螺栓的连接-分离面是其内筒和外筒的套接面。内外筒靠剪切销固定在一起,如图 3-1 所示。当药室压力增加至切断剪切销时,两者解锁分离。

解锁螺栓结构简单,仅由内筒、外筒,剪切销和动力源组成,加工方便,装配容易。但是其连接力受到剪切销强度限制,只适用于连接力较小的部位。

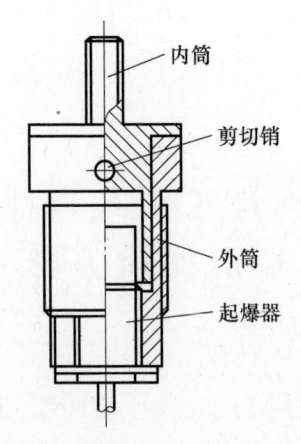

图3-1 剪切销式解锁螺栓示意图

钢球连接式解锁螺栓的连接分离面仍是内筒和外筒的套接面,只是两者是靠若干个小钢球(滚珠)来限制其相对位移,如图3-2所示。在外筒内表面的某个截面上,开一圈环形的正梯形槽。梯形槽的两个斜边互相垂直,梯形槽的宽度和深度能容纳半个钢球。在内筒相应的截面上,沿周向均匀开若干个直径与小钢球外径相同的径向圆孔。在每一个圆筒内各安装一粒小钢球,这些钢球限制着内外筒的相对运动。内筒内设有一个活塞,以防止钢球从圆孔中掉出来,内筒与活塞由剪切销固定。

药室内火药引燃产生压力,当压力增加到一定程度,剪断剪切销,并把活塞推向前去,钢球失去活塞的依托,滚滑出来;内外筒之间失去机械联系而分离,达到解锁分离的目的。钢球连接式解锁螺栓结构与剪切式解锁螺栓相比,比较复杂,装配难度较大。其主要优点是连接力大,只要很小的力即可推开活塞,达到解锁的目的。

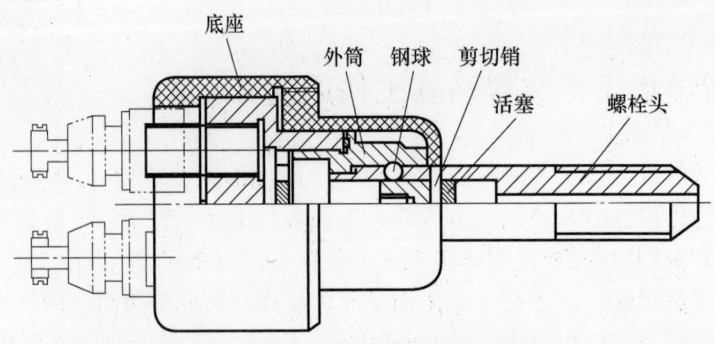

图3-2 钢球连接式解锁螺栓示意图

从上面对剪切销式和钢球连接式解锁螺栓的工作过程分析可以看出,解锁类火工装置在点火至解锁前,火药产生气体的工作容腔体积可认为是不变的,故可将燃气压力作为关键参数来分析评价其可靠性[7]。因此,解锁类火工装置实现解锁功能的原理可看作是药筒产生的高压燃气或起爆器点燃主装药产生的高压气体克服一定的机构阻力(此处为一广义阻力(单位:MPa),实为机构所受实际阻力(单位:N)与其受力面积(单位:mm²)的比值),从而实现火工装置的解锁释放功能。

3.2 解锁类火工装置可靠性的加严试验分析评价原理

实际生产中,由于环境温度、压强、药粒厚度、均匀性等存在一定的随机误差,使得火药力具有一定的散布特性。火药力的散布以及装药质量、药室容积等均存在的随机误差使火药燃爆产生的峰值压力具有一定的随机性。而其中火药力的散布对峰值压力的偏差影响最大。这些独立随机因素的影响造成了火药燃爆产生的峰值压力并非某一确定值,而是呈某种统计分布特性,工程实践表明,点火器定容测压试验的峰值压力分布可按正态分布进行处理。同样,机构阻力值(如剪切销的抗剪力)也受到材料性能、机加工尺寸等独立随机误差的影响,其分布仍可按正态分布进行处理[88,89]。由于这种分布特性的存在,造成了火工装置可能会出现燃气峰值压力小于机构阻力的不可靠情况。因此,解锁类火工装置的功能可靠性可简化为火炸药燃爆产生的峰值压力大于机构阻力的概率,故可以应用第2章给出的应力-强度模型对其可靠性进行分析。根据扩展的应力-强度模型的概念,在这里把火炸药燃爆产生的峰值压力看作该模型中的强度,而把机构阻力值当作应力,给出的解锁类火工装置的应力-强度模型如图3-3所示。

图3-3中,$f_1(x)$为机构阻力分布的概率密度函数,μ_1为该分布的均值;$f_2(x)$为点火器峰值压力分布的概率密度函数,μ_2为该分布的均值。在图3-3的上半部分(a)中,机构阻力分布与燃气峰值压力分布之间存在着较大的间隔、无明显的失效区,因此可认为此时火工装置的失效概率很小,近似为1;而(b)中两个分布曲线之间则存在着相互重叠,表明了此时火工装置存在着明显的失效概率。

3.2.1 功能可靠性模型的建立

通过前面的分析,解锁类火工装置的功能可靠性为火炸药燃爆产生的峰值压力大于机构阻力的概率,且由于二者都服从正态分布,故简化后的功能可靠性模型如图3-4所示。

图3-4中,$f_1(x)$为机构阻力分布的概率密度函数,μ_f为该分布的均值;$f_2(x)$为点火器燃气峰值压力分布的概率密度函数,μ_p为该分布的均值。此时解

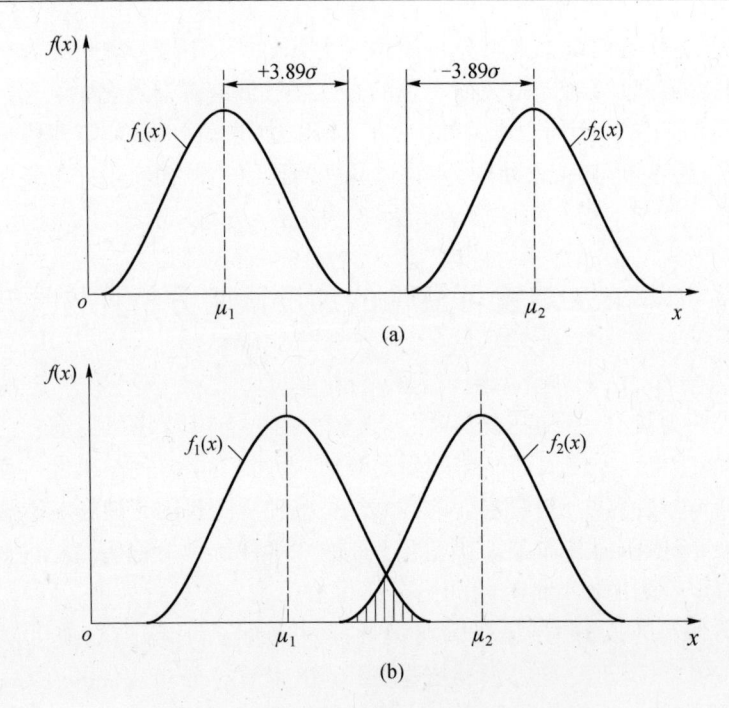

图 3-3 解锁类火工装置的应力-强度模型
(a)无失效区；(b)有失效区。

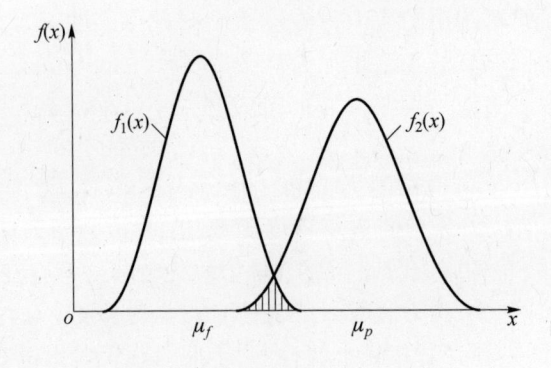

图 3-4 简化的功能可靠性模型

锁功能可靠度为

$$R = P\{X_p \geqslant X_f\} = \Phi\left\{\frac{\mu_p - \mu_f}{\sqrt{\sigma_p^2 + \sigma_f^2}}\right\} \quad (3-1)$$

式中，$\Phi\{x\}$ 为标准正态分布函数；σ_p 为随机变量燃气峰值压力 X_p 分布的标准差；σ_f 为机构阻力 X_f 分布的标准差。

从图 3-4 可以看出，影响火工装置可靠性的最主要因素是燃气峰值压力分

布均值 μ_p 与机构阻力分布均值 μ_f 之间的距离以及各自分布模型相对于均值的偏离程度。均值之间的距离越大，说明产品的设计裕度越大，然而过大的设计裕度往往也会带来其他问题（如冲击的增大），而且由于火工装置小型化、轻量化的要求，单纯依赖增大设计裕度保证产品可靠性的设计方法也是不被允许的。这时控制二者分布模型相对于均值的偏离程度，在此用变异系数 $c = \sigma/\mu$ 来表示，对于保证火工装置固有可靠性来说就显得格外重要了。变异系数越大则二者的分布曲线就更趋于扁平，相交区域增大、可靠性降低。因此在火工装置的设计、生产过程中应该分析并控制影响变异系数的因素，使其在一个较小的范围内变化。

3.2.2 功能可靠性加严试验分析评价原理

解锁类火工装置的功能可靠性分析评价试验可利用减小压力的方法，即通过减小装药量或扩大腔体初始容积的方式来实现加严试验的目的，其原理如图3-5所示。

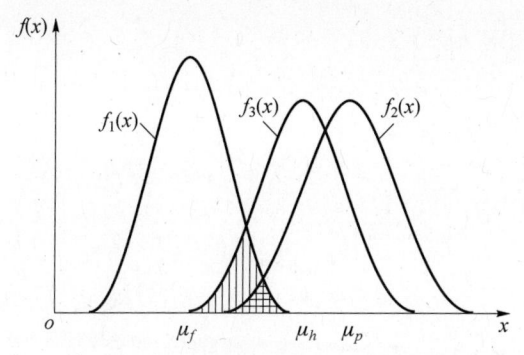

图3-5 功能可靠性加严试验模型

图3-5中，$f_1(x)$ 为机构阻力分布的概率密度函数，μ_f 为该分布的均值；$f_2(x)$ 为额定状态下点火器峰值压力分布的概率密度函数，μ_p 为该分布的均值；$f_3(x)$ 为加严试验状态下点火器峰值压力分布的概率密度函数，μ_h 为该分布的均值。

根据前面的分析，则额定状态（设计状态）下的功能可靠性为

$$R_N = \Phi\left\{\frac{\mu_p - \mu_f}{\sqrt{\sigma_p^2 + \sigma_f^2}}\right\} = \Phi\left\{\frac{\eta_p - 1}{\sqrt{\eta_p^2 c_p^2 + c_f^2}}\right\} \qquad (3-2)$$

式中：σ_p、c_p 分别为额定状态下燃气峰值压力分布的标准差和变异系数；σ_f、c_f 分别为机构阻力分布的标准差和变异系数；$\eta_p = \mu_p/\mu_f$ 定义为额定状态下的储备系数。

加严试验状态下的功能可靠性计算公式为

$$R_H = \Phi\left\{\frac{\mu_h - \mu_f}{\sqrt{\sigma_h^2 + \sigma_f^2}}\right\} = \Phi\left\{\frac{\eta_h - 1}{\sqrt{\eta_h^2 c_h^2 + c_f^2}}\right\} \tag{3-3}$$

式中，σ_h、c_h 分别为加严试验状态下燃气峰值压力分布的标准差和变异系数；$\eta_h = \mu_h/\mu_f$ 定义为加严试验状态下的储备系数。

显然，加严试验状态下的储备系数 η_h 将小于额定状态下的储备系数 η_p，继而选择合适的加严参数 k，使得

$$k = \frac{\eta_h}{\eta_p} = \frac{\mu_h}{\mu_p}\frac{\mu_f}{\mu_f} = \frac{\mu_h}{\mu_p} \tag{3-4}$$

假设额定状态下需分析评价的可靠度置信下限为 $R_{L,N}$；由标准正态分布函数的单调性，可得

$$\eta_{L,p} = 1 + \Phi^{-1}(R_{L,N})\sqrt{\eta_{L,p}^2 c_p^2 + c_f^2} \tag{3-5}$$

式中，$\eta_{L,p}$ 为额定状态下的储备系数下限。

由式(3-5)可知，分析评价额定状态下可靠度置信下限 $R_{L,N}$ 的问题可转化为分析评价其储备系数下限 $\eta_{L,p}$ 的问题。再由式(3-4)选定的加严参数使得额定状态下的储备系数与加严试验状态下的储备系数相关联，即分析评价额定状态下的储备系数下限问题最终可转化为分析评价加严试验状态下的储备系数下限问题。

加严试验状态下的储备系数下限 $\eta_{L,h}$ 选择由该状态下的成败型试验获得。因此，最终可以通过加严试验状态下的成败型试验来实现分析评价产品额定状态下可靠性的目的。由经典的成败型置信下限公式，可得分析评价额定状态下可靠度置信下限 $R_{L,N}$（置信度为 γ）最终所需的加严试验次数为

$$n = \ln(1-\gamma)\bigg/\ln\Phi\left\{\frac{\eta_{L,h}-1}{\sqrt{\eta_{L,h}^2 c_h^2 + c_f^2}}\right\} = \ln(1-\gamma)\bigg/\ln\Phi\left\{\frac{k\eta_{L,p}-1}{\sqrt{(k\eta_{L,p})^2 c_h^2 + c_f^2}}\right\}$$

$$(3-6)$$

另外，当产品实行了严格的过程质量控制，使得机构阻力 F 分布的变异系数 c_f 较小（<3%）时，机构阻力的散布特性将对试验次数 n 影响不大，可认为 $c_f = 0$。此时，将式(3-5)、式(3-6)联立，得到更为简洁的加严试验次数公式[72]为

$$n = \ln(1-\gamma)\bigg/\ln\left\{\Phi\left[\frac{\Phi^{-1}(R_{L,N})c_p + k - 1}{kc_h}\right]\right\} \tag{3-7}$$

3.2.3 结构强度可靠性模型的建立

火工装置在实现功能的同时需要保持结构的完整性,也就是防止高压下结构发生破裂。结构完整性是一个约束性条件,因为火工装置可以通过增加装药量来提高输出压力,从而达到更高的功能可靠性,所以对结构(主要是壳体)的强度需要考核,避免造成结构破坏。工程中采用锁闭试验(阻止活塞运动或冲程),在最大应力条件下,如一极限温度,利用大药量来验证产品的强度极限[5]。因此,火工装置的结构强度可靠性可简化为火药燃爆形成的燃气峰值压力小于壳体极限破坏压力的概率。

一般情况下,影响火工装置壳体极限破坏压力的主要因素包括材料力学性能和加工方法等。机械结构尺寸由于加工精度的存在具有一定的离散性;同时原材料的物理和机械性能在生产过程中也具有一定范围内的随机性。这些随机误差的存在构成了壳体极限破坏压力的随机性,使得极限破坏压力的分布呈正态分布[90,91]。

由于壳体极限破坏压力和燃气峰值压力可按正态分布进行处理,故可参照"应力-强度"模型对结构强度可靠性进行分析,此时应力即为燃气峰值压力,而强度就是指壳体极限破坏压力。因此,结构强度可靠性模型如图3-6所示。

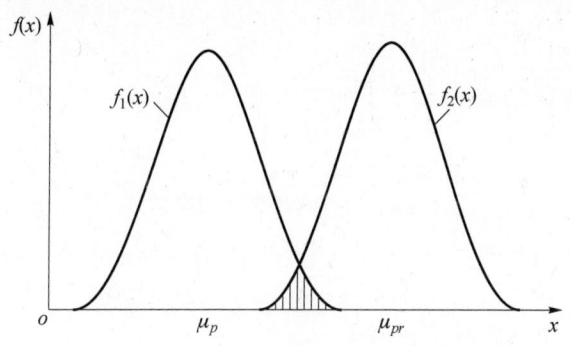

图3-6 火工装置结构强度可靠性模型

在图3-6中,$f_1(x)$为火工装置燃气峰值压力分布的概率密度函数,μ_p为该分布的均值;$f_2(x)$为火工装置壳体极限破坏压力分布的概率密度函数,μ_{p_r}为该分布的均值。

此时的结构强度可靠度为

$$R = P\{X_{p_r} \geq X_p\} = \Phi\left\{\frac{\mu_{p_r} - \mu_p}{\sqrt{\sigma_{p_r}^2 + \sigma_p^2}}\right\} \tag{3-8}$$

式中:σ_{p_r}为壳体极限破坏压力X_{p_r}分布的标准差;σ_p燃气峰值压力X_p分布的标准差。

3.2.4 结构强度可靠性加严试验分析评价原理

在结构强度可靠性加严试验分析评价中可利用增大燃气压力的方法,通过增大装药量的方式来实现加严试验的目的,其原理如图 3-7 所示。

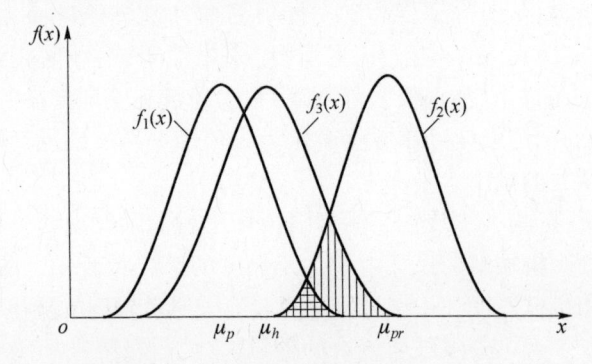

图 3-7 结构强度可靠性加严试验模型

在图 3-7 中,$f_1(x)$ 为额定状态下燃气峰值压力分布的概率密度函数,μ_p 为该分布的均值;$f_2(x)$ 为火工装置壳体极限破坏压力分布的概率密度函数,μ_{p_r} 为该分布的均值;$f_3(x)$ 为加严试验状态下燃气峰值压力分布的概率密度函数,μ_h 为该分布的均值。

由前面的分析,则额定状态下的结构强度可靠度计算公式为

$$R_N = \Phi\left\{\frac{\mu_{p_r} - \mu_p}{\sqrt{\mu_{p_r}^2 c_{p_r}^2 + \mu_p^2 c_p^2}}\right\} = \Phi\left\{\frac{\eta_p - 1}{\sqrt{\eta_p^2 c_{p_r}^2 + c_p^2}}\right\} \quad (3-9)$$

式中,c_p 为额定状态下燃气峰值压力分布的变异系数,c_{p_r} 为壳体极限破坏压力分布的变异系数,$\eta_p = \mu_{p_r}/\mu_p$ 为额定状态下的储备系数。

加严试验状态下的结构强度可靠度计算公式为

$$R_H = \Phi\left\{\frac{\mu_{p_r} - \mu_h}{\sqrt{\mu_{p_r}^2 c_{p_r}^2 + \mu_h^2 c_h^2}}\right\} = \Phi\left\{\frac{\eta_h - 1}{\sqrt{\eta_h^2 c_{p_r}^2 + c_h^2}}\right\} \quad (3-10)$$

式中,c_h 为加严试验状态下燃气峰值压力分布的变异系数,$\eta_h = \mu_{p_r}/\mu_h$ 为加严试验状态下的储备系数。

同样,存在加严试验状态下的储备系数 η_h 小于额定状态下的储备系数 η_p,选择合适的加严参数 k 使 η_h 和 η_p 的值相互关联,即

$$k = \frac{\eta_p}{\eta_h} = \frac{\mu_{p_r}}{\mu_{p_r}}\frac{\mu_p}{\mu_h} = \frac{\mu_h}{\mu_p} \quad (3-11)$$

由于标准正态分布函数是单调递增函数,故可根据给定的可靠度置信下限 $R_{L,N}$,由式(3-9)求出额定状态下的储备系数下限 $\eta_{L,p}$;再通过式(3-11)确定的加严参数 k,得到 $\eta_{L,h} = \eta_{L,p}/k$。

由成败型经典置信下限公式及给定的置信度 γ,确定试验次数 n,验证合格准则为试验无一失效。

$$n = \ln(1-\gamma) \bigg/ \ln\Phi\left\{\frac{\eta_{L,h}-1}{\sqrt{\eta_{L,h}^2 c_{p_r}^2 + c_h^2}}\right\} \tag{3-12}$$

3.3 冗余设计火工装置可靠性的加严试验分析评价原理

冗余设计是提高火工装置固有可靠性的一种常用设计方法,在 GJB 1307A—2004《航天火工装置通用规范》中规定,关键性的火工装置应采用冗余技术,排除单点失效[8]。该标准在强调冗余设计重要性的同时,并未给出冗余设计与火工装置可靠性之间的量化关系。尽管 3.2.2 节和 3.2.4 节给出了一些方法,但主要是针对非冗余设计火工装置,为此,本节给出了冗余设计火工装置的可靠性试验分析评价方法。

在美国的阿波罗计划中曾确定了如图 3-8 所示的火工装置冗余设计方案[5]。图 3-8(a)中,2 套电发火系统各自独立地向起爆器发出指令,依次使 2 个装置(如拔销器,释放任意 1 个就能完成规定功能的装置)的药筒能量源点火。这种情况下,每个系统均互不干扰地独立工作。在图 3-8(b)中,2 个装置设计成一起完成功能而不分开。图 3-8(c)中,采用了 2 个独立的药筒对一个装置提供输入;在此情况下,每个药筒都有足够的能量独立驱动装置完成功能。图 3-8(d)中,2 个独立的起爆器用于单个药筒点火,以驱动装置完成功能。图 3-8(b)中,系统存在单点失效。图 3-8(c)中,系统和装置都存在单点失效。图 3-8(d)中,系统、装置以及药筒亦都存在单点失效。

在图 3-8 中的 4 种火工装置冗余设计方案中,采用(a)、(b)2 种冗余设计方案的火工装置的可靠性分析评价问题,可通过可靠性分析中的并联系统模型最终转化为非冗余设计火工装置的可靠性分析评价问题;对于(d)类起爆器冗余的设计方案,主要考虑的是发火可靠性的范畴,对发火可靠性的研究已有相应文章和专门的国军标进行论述[81],本书不再过多阐述。对于解锁类火工装置大多采用(c)类冗余设计方案,本书主要针对这类冗余设计火工装置,研究其实现功能的可靠性。

采用(c)类冗余设计方案的火工装置,属于两个药筒(起爆器+主装药)共用同一个腔体与执行机构进行连接,如图 3-9 所示。对此类火工装置进行可靠性分析评价时，并不能简单地采用可靠性并联系统模型进行处理，而如果按照传统的成败型方法进行试验也是无法接受的。本书将通过加严试验手段给出此类冗余设计火工装置的可靠性分析评价方法。

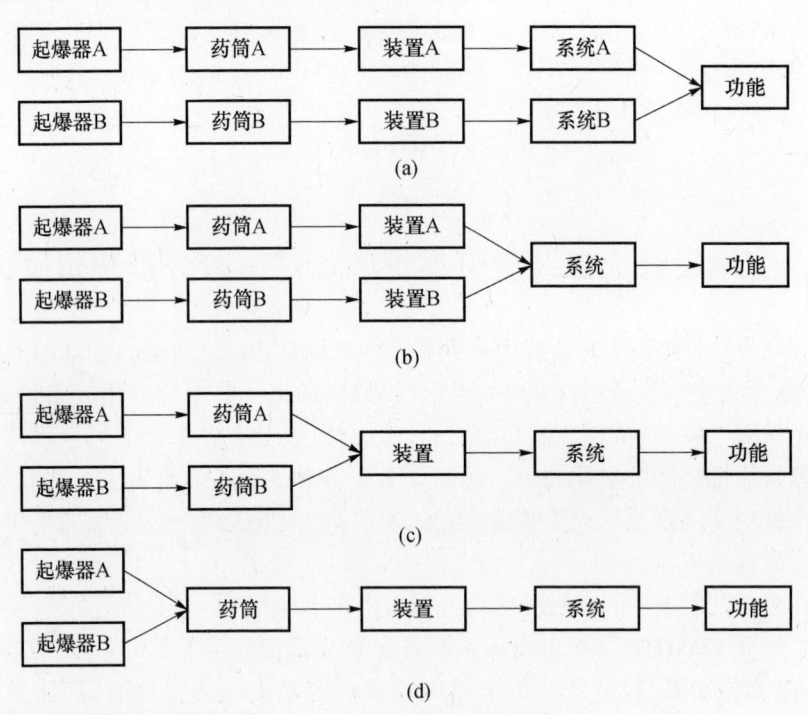

图 3-8 火工装置冗余设计方案

(a) 功能系统的冗余；(b) 执行装置的冗余；(c) 药筒的冗余；(d) 起爆器的冗余。

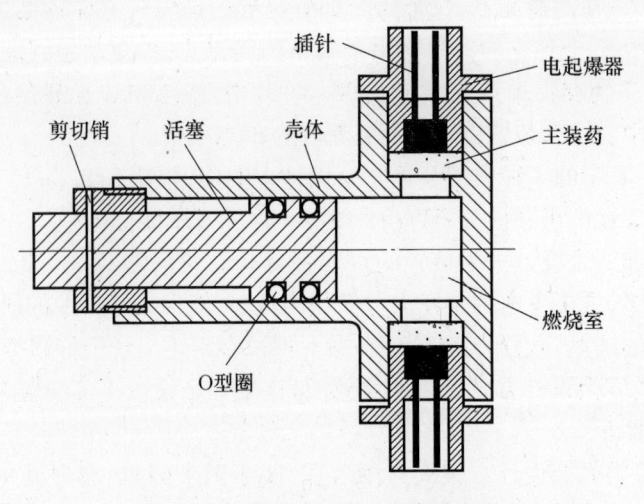

图 3-9 药筒冗余类火工装置简图

对(c)类双药筒冗余设计方案的火工装置,在进行功能可靠性分析评价时,可通过减少药筒数量或同时减少装药量的方式来达到加严试验的目的。针对以上2种加严试验方式,分别加以考虑,推导评估原理。

根据概率论知识[85],当随机变量 X、Y 相互独立且具有相同分布 $X,Y \sim N(\mu,\sigma^2)$ 时,有 $Z = X + Y \sim N(2\mu,2\sigma^2)$。设随机变量 X、Y 分布的变异系数为 c,则根据变异系数的定义 $c = \sigma/\mu$,有 $X = Y \sim N(\mu,c^2\mu^2)$,此时 $Z \sim N(2\mu,2c^2\mu^2)$,即

$$c_z = \frac{\sqrt{2}}{2}c_x \qquad (3-13)$$

式中,c_x、c_z 分别为随机变量 X、Z 分布的变异系数。

3.3.1 减少药筒数量时的功能可靠性加严试验分析评价公式的推导

通过对此种情况的研究,可得到减少药筒数量时的功能可靠性加严试验模型,如图3-10所示。在图3-10中,$f_1(x)$ 为机构阻力分布的概率密度函数,μ_f 为该分布的均值;$f_2(x)$ 为额定状态下双药筒整体的燃气峰值压力分布的概率密度函数,μ_p 为该分布的均值;$f_3(x)$ 为加严试验状态下单个药筒的燃气峰值压力分布的概率密度函数,μ_h 为该分布的均值。

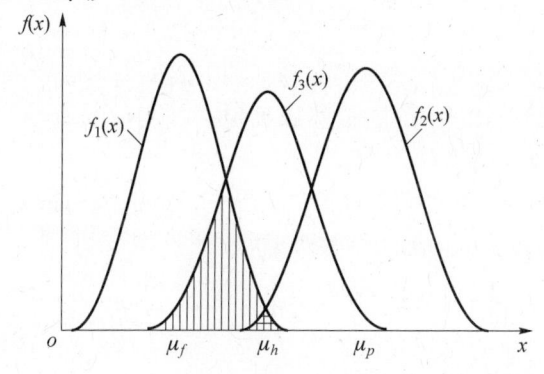

图3-10 减少药筒数量时的功能可靠性加严试验模型

根据冗余设计的理念及实际工程经验,由式(3-13)可得

$$c_p = \frac{\sqrt{2}}{2}c_h \qquad (3-14)$$

式中,c_p 为额定状态下双药筒整体的燃气峰值压力分布的变异系数;c_h 为加严试验状态下单个药筒的燃气峰值压力分布的变异系数。

额定状态下的功能可靠性计算公式如下:

$$R_N = \Phi\left\{\frac{\mu_p - \mu_f}{\sqrt{\sigma_p^2 + \sigma_f^2}}\right\} = \Phi\left\{\frac{\eta_p - 1}{\sqrt{\eta_p^2 c_p^2 + c_f^2}}\right\} \qquad (3-15)$$

39

式中,σ_p、c_p 分别为额定状态下双药筒整体的燃气峰值压力分布的标准差和变异系数;σ_f、c_f 分别为机构阻力分布的标准差和变异系数;$\eta_p = \mu_p/\mu_f$ 为额定状态下的储备系数。

加严试验状态下的功能可靠性计算公式如下:

$$R_H = \Phi\left\{\frac{\mu_h - \mu_f}{\sqrt{\sigma_h^2 + \sigma_f^2}}\right\} = \Phi\left\{\frac{\eta_h - 1}{\sqrt{\eta_h^2 c_h^2 + c_f^2}}\right\} \qquad (3-16)$$

式中,σ_h、c_h 分别为加严试验状态下单个药筒的燃气峰值压力分布的标准差和变异系数;$\eta_h = \mu_h/\mu_f$ 为加严试验状态下的储备系数。

由于加严试验只是药筒数量上的减少,故可知火工装置额定状态下所具有的储备系数应为加严试验状态下所具有的储备系数的 2 倍,则加严参数 k 的值为

$$k = \frac{\eta_h}{\eta_p} = \frac{1}{2} \qquad (3-17)$$

假设额定状态下需分析评价的可靠度置信下限为 $R_{L,N}$,则由式(3-15)及冗余设计的变异系数关系式(3-14),可得

$$\eta_{L,p} = 1 + \Phi^{-1}(R_{L,N})\sqrt{0.5\eta_{L,p}^2 c_h^2 + c_f^2} \qquad (3-18)$$

式中,$\eta_{L,p}$ 为火工装置额定状态下的储备系数下限。

利用关系式(3-18),$R_{L,N}$ 的值可以确定与其相应的 $\eta_{L,p}$ 的值,再由式(3-17)可知 $\eta_{L,h} = 0.5\eta_{L,p}$。

储备系数下限 $\eta_{L,h}$ 同样采用加严试验状态下的成败型试验获得。由经典的成败型置信下限公式,可得加严试验所需的试验次数 n 为

$$n = \ln(1-\gamma) \Big/ \ln\Phi\left\{\frac{\eta_{L,h} - 1}{\sqrt{\eta_{L,h}^2 c_h^2 + c_f^2}}\right\} = \ln(1-\gamma) \Big/ \ln\Phi\left\{\frac{0.5\eta_{L,p} - 1}{\sqrt{(0.5\eta_{L,p})^2 c_h^2 + c_f^2}}\right\}$$

$$(3-19)$$

同样,当火工装置机构阻力 F 分布的变异系数 c_f 较小可忽略为 0 时,将式(3-18)、式(3-19)联立,得到更为简洁的加严试验次数公式为

$$n = \ln(1-\gamma) \Big/ \ln\left\{1 - \Phi\left[\frac{1 - \sqrt{2}\Phi^{-1}(R_{L,N}) \cdot c_h}{c_h}\right]\right\} \qquad (3-20)$$

3.3.2 同时减少装药量时的功能可靠性加严试验分析评价原理

通过对此种情况的研究,可得到同时减少装药量时的功能可靠性加严试验模型,如图 3-11 所示。图 3-11 中,$f_1(x)$ 为机构阻力分布的概率密度函数,

$f'_2(x)$ 为额定状态用双药筒整体的燃气峰值压力分布的概率密度函数;$f'_3(x)$ 为加严试验用双药筒整体的燃气峰值压力分布的概率密度函数。

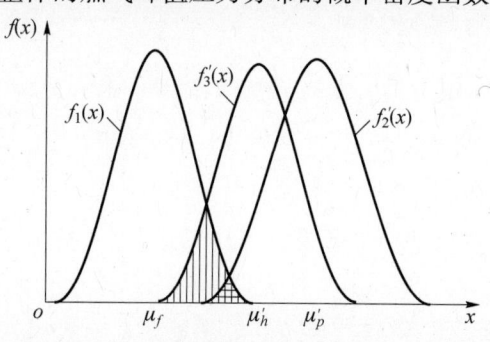

图 3-11 同时减少装药量时的功能可靠性加严试验模型

设加严试验用双药筒整体的燃气峰值压力 X'_h 服从参数为 μ'_h, σ'_h 的正态分布,记为 $X'_h \sim N(\mu'_h, \sigma'_h)$,其单个药筒的燃气峰值压力 X_h 服从参数为 μ_h, σ_h 的正态分布,记为 $X_h \sim N(\mu_h, \sigma_h)$;额定状态用双药筒整体的燃气峰值压力 X'_p 服从参数为 μ'_p, σ'_p 的正态分布,记为 $X'_p \sim N(\mu'_p, \sigma'_p)$,其单个药筒的燃气峰值压力 X_p 服从参数为 μ_p, σ_p 的正态分布,记为 $X_p \sim N(\mu_p, \sigma_p)$。

同样,由冗余设计的定义及式(3-13)可得

$$c'_p = \frac{\sqrt{2}}{2} c_p, \quad c'_h = \frac{\sqrt{2}}{2} c_h \tag{3-21}$$

式中,c'_p、c'_h 分别为额定状态和加严试验状态下双药筒整体的燃气峰值压力分布的变异系数;c_p、c_h 分别为额定状态和加严试验状态下单个药筒的燃气峰值压力分布的变异系数。

额定状态下的功能可靠性计算公式如下:

$$R_N = \Phi \left\{ \frac{\mu'_p - \mu_f}{\sqrt{(\sigma'_p)^2 + \sigma_f^2}} \right\} = \Phi \left\{ \frac{\eta'_p - 1}{\sqrt{(\eta'_p)^2 (c'_p)^2 + c_f^2}} \right\} \tag{3-22}$$

式中,$c'_p = \sigma'_p / \mu'_p$ 为额定状态下双药筒整体的燃气峰值压力分布的变异系数;$\eta'_p = \mu'_p / \mu_f$ 为额定状态下双药筒整体的储备系数。

加严试验状态下的功能可靠性计算公式如下:

$$R_H = \Phi \left\{ \frac{\mu'_h - \mu_f}{\sqrt{(\sigma'_h)^2 + \sigma_f^2}} \right\} = \Phi \left\{ \frac{\eta'_h - 1}{\sqrt{(\eta'_h)^2 (c'_h)^2 + c_f^2}} \right\} \tag{3-23}$$

式中,$c'_h = \sigma'_h / \mu'_h$ 为加严试验状态下双药筒整体的燃气峰值压力分布的变异系数;$\eta'_h = \mu'_h / \mu_f$ 为加严试验状态下双药筒整体的储备系数。

将加严试验状态下的储备系数 η'_h 与额定状态下的储备系数 η'_p 之比作为加

严参数 k 的值,有

$$k = \frac{\eta'_h}{\eta'_p} = \frac{\mu'_h \mu_f}{\mu'_p \mu_f} = \frac{2\mu_h}{2\mu_p} = \frac{\mu_h}{\mu_p} \tag{3-24}$$

假设额定状态下需分析评价的可靠度置信下限为 $R_{L,N}$,则由式(3-22)及冗余设计的变异系数关系式(3-21),可得

$$\eta'_{L,p} = 1 + \Phi^{-1}(R_{L,N})\sqrt{0.5(\eta'_{L,p})^2 c_p^2 + c_f^2} \tag{3-25}$$

式中,$\eta'_{L,p}$ 为火工装置额定状态下双药筒整体的储备系数下限。

由式(3-24)、(3-25)可知,分析评价额定状态下可靠度置信下限 $R_{L,N}$ 的问题,可通过加严参数 k,最终转化为分析评价加严试验状态下的储备系数下限问题,且由经典的成败型置信下限公式,可得加严试验所需的试验次数 n 为

$$n = \ln(1-\gamma) \Big/ \ln \Phi \left\{ \frac{\eta'_{L,h} - 1}{\sqrt{(\eta'_{L,h})^2 (c'_h)^2 + c_f^2}} \right\}$$

$$= \ln(1-\gamma) \Big/ \ln \Phi \left\{ \frac{k\eta'_{L,p} - 1}{\sqrt{0.5(k\eta'_{L,p})^2 c_h^2 + c_f^2}} \right\} \tag{3-26}$$

同理,当 $c_f = 0$ 时,将式(3-25)、(3-26)联立,得到更为简洁的加严试验次数为

$$n = \ln(1-\gamma) \Big/ \ln\left\{1 - \Phi\left[\frac{\sqrt{2} - \Phi^{-1}(R_{L,N}) \cdot c_p - \sqrt{2}k}{k \cdot c_h}\right]\right\} \tag{3-27}$$

3.3.3 同时增大装药量时的结构强度可靠性加严试验分析评价原理

对额定条件下使用双药筒(共用一个腔体)实现功能的冗余设计火工装置,要进行两个药筒同时引爆发火的结构强度试验。这个试验必须进行,即使在系统中每次只要求一个药筒发火,因为存在两个药筒均发火的可能性[5]。为此,对这类火工装置进行结构强度可靠性试验分析评价时,应采用同时增大装药量的方式来达到加严试验的目的。通过对加严试验条件下情况的研究,得到了相应的结构强度可靠性加严试验模型,如图3-12所示。在图3-12中,$f'_1(x)$ 为额定状态下双药筒整体的燃气峰值压力分布的概率密度函数,$f_2(x)$ 为壳体极限破坏压力分布的概率密度函数,$f'_3(x)$ 为加严试验状态下双药筒整体的燃气峰值压力分布的概率密度函数。

设加严试验状态下双药筒整体的燃气峰值压力 X'_h 服从参数为 μ'_h, σ'_h 的正态分布,记为 $X'_h \sim N(\mu'_h, \sigma'_h)$,其单个药筒的燃气峰值压力 X_h 服从参数为 μ_h, σ_h 的正态分布,记为 $X_h \sim N(\mu_h, \sigma_h)$;额定状态下双药筒整体的燃气峰值压力 X'_p 服从

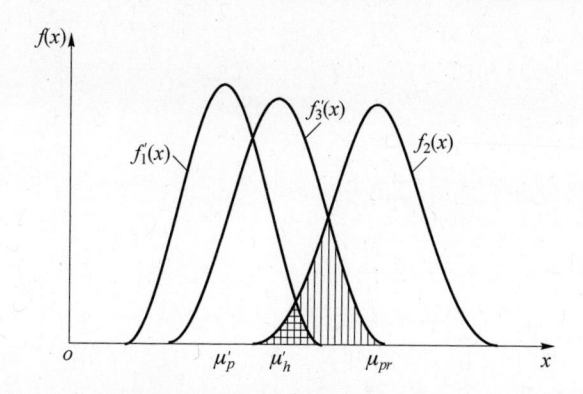

图 3-12 同时增大装药量时的结构强度可靠性加严试验模型

参数为 μ'_p, σ'_p 的正态分布,记为 $X'_p \sim N(\mu'_p, \sigma'_p)$,其单个药筒的燃气峰值压力 X_p 服从参数为 μ_p, σ_p 的正态分布,记为 $X_p \sim N(\mu_p, \sigma_p)$,壳体极限破坏压力 X_{pr} 服从参数为 μ_{pr}, σ_{pr} 的正态分布,记为 $X_{pr} \sim N(\mu_{pr}, \sigma_{pr})$。

额定状态下结构强度可靠性计算公式为

$$R_N = \Phi\left\{\frac{\mu_{pr} - \mu'_p}{\sqrt{\mu_{pr}^2 c_{p_r}^2 + (\mu'_p)^2 (c'_p)^2}}\right\} = \Phi\left\{\frac{\overline{\eta}'_p - 1}{\sqrt{(\overline{\eta}'_p)^2 c_{p_r}^2 + 0.5 c_p^2}}\right\} \quad (3-28)$$

式中,c'_p 为额定状态下双药筒整体的燃气峰值压力分布的变异系数,c_p 为额定状态下单个药筒的燃气峰值压力分布的变异系数,c_{p_r} 为壳体极限破坏压力分布的变异系数,$\eta'_p = \mu_{pr}/\mu'_p$ 为额定状态下的储备系数。

加严试验状态下结构强度可靠性计算公式为

$$R_H = \Phi\left\{\frac{\mu_{pr} - \mu'_h}{\sqrt{\mu_{pr}^2 c_{p_r}^2 + (\mu'_h)^2 (c'_h)^2}}\right\} = \Phi\left\{\frac{\overline{\eta}'_h - 1}{\sqrt{(\overline{\eta}'_h)^2 c_{p_r}^2 + 0.5 c_h^2}}\right\} \quad (3-29)$$

式中,c'_h 为加严试验状态下双药筒整体的燃气峰值压力分布的变异系数,c_h 为加严试验状态下单个药筒的燃气峰值压力分布的变异系数,$\eta'_h = \mu_{pr}/\mu'_h$ 为加严试验状态下的储备系数。

选择适当的加严参数 k,使额定状态下的储备系数与加严试验状态下的储备系数相关联,有

$$k = \frac{\eta'_p}{\eta'_h} = \frac{\mu_{pr}/\mu'_p}{\mu_{pr}/\mu'_h} = \frac{\mu'_h}{\mu'_p} = \frac{\mu_h}{\mu_p} \quad (3-30)$$

根据给定的 $R_{L,N}$ 由式(3-28)求出 $\eta'_{L,p}$,并由加严参数 k 得到 $\eta'_{L,h} = \eta'_{L,p}/k$,再通过成败型经典置信下限公式及给定的置信度 γ,确定加严试验次数 n,验证合格准则为试验无一失效。

$$n = \ln(1-\gamma) \Big/ \ln\Phi\left\{\frac{\eta'_{L,h} - 1}{\sqrt{(\eta'_{L,h})^2 c_{p_r}^2 + 0.5 c_h^2}}\right\} \qquad (3-31)$$

3.4 关键参数的确定方法

由式(3-7)和式(3-12)给出的解锁类火工装置可靠性加严试验分析评价公式可知,可靠性加严试验顺利实施的关键是选择合适的加严参数 k,以及给出合理可信的燃气峰值压力分布的变异系数 c。为此,本节将主要阐述这两个关键参数的确定方法。

3.4.1 加严试验方式及加严参数的确定方法

火工装置由于结构设计上的不同,使得冗余设计和非冗余设计的火工装置在可靠性试验分析评价方法上存在着一定的区别和联系,相同点是两者均可以采用加严试验的思想对各自的可靠性进行分析评价,不同点在于加严试验的实现途径以及变异系数的区别(近而影响试验次数)。图3-13给出了两者加严试验实现途径的对比图。

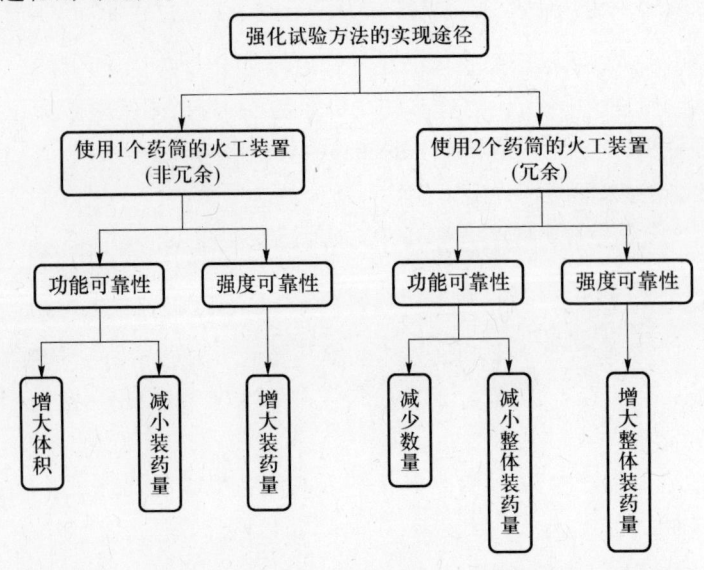

图3-13 冗余与非冗余设计火工装置加严试验实现方法对比图

3.4.1.1 解锁类火工装置加严试验方式及加严参数的确定方法

1) 功能可靠性

对于解锁类火工装置功能可靠性分析评价试验,是通过减小燃气压力的方式来实现加严试验的目的,具体试验实施可为更换同类型药量较小的药筒或采用扩大腔体初始容积的方式来实现,加严参数 k 可由 $k = \mu_h/\mu_p$ 求出,其中 μ_h、μ_p 分别为加严试验状态和额定状态下燃气压力分布的均值,该均值可通过诺贝尔-艾贝尔方程[92]计算得出,即

$$P = \frac{f \cdot m}{V_0 - \alpha m} \quad (3-32)$$

式中,P 为火药燃爆产生的最大压力,f 为主装药火药力,α 为主装药余容,m 为主装药质量(如果药筒中存在点火药和主装药两种装药,则点火药的药量可通过火药力的关系换算成主装药的药量),V_0 为药室腔体的初始容积。

如果忽略气体分子体积修正量余容的影响,通过药量或腔体初始容积倒数之比,可以很方便地算出加严试验加严参数 k 的值,可以证明这种加严参数的选取方式是略偏于保守的(这种保守性在航空航天领域却也是合理和必要的)。

对于减小药量的加严试验方式,设额定状态下(设计状态)的装药量为 m_1,加严试验状态下的装药量为 m_2,在其他参数已知且为定值的情况下,加严参数计算公式为

$$k_1 = \frac{\mu_h}{\mu_p} = \frac{f \cdot m_2(V_0 - \alpha m_2)}{f \cdot m_1(V_0 - \alpha m_1)} = \frac{m_2}{m_1} \cdot \frac{V_0 - \alpha m_1}{V_0 - \alpha m_2} \quad (3-33)$$

由于 $m_1 > m_2$,可得 $(V_0 - \alpha m_1)/(V_0 - \alpha m_2) < 1$,则存在 $k_1 < m_2/m_1$,实际的加严参数 k_1 小于加严试验状态和额定状态下的装药量之比;

对于改变腔体初始容积的加严试验方式,设额定状态下的腔体初始容积为 V_1,加严试验状态下的腔体初始容积为 V_2,在其他参数已知且为定值的情况下,加严参数计算公式为

$$k_2 = \frac{\mu_h}{\mu_p} = \frac{f \cdot m(V_2 - \alpha m)}{f \cdot m(V_1 - \alpha m)} = \frac{V_1 - \alpha m}{V_2 - \alpha m} \quad (3-34)$$

由于 $V_1 < V_2$,则存在 $k_2 < V_1/V_2$,同样存在实际的加严参数 k_2 小于加严试验状态和额定状态下的腔体初始容积倒数之比。

2) 结构强度可靠性

对于解锁类火工装置结构强度可靠性分析评价试验,是通过增大燃气压力的方式来实现加严试验的目的,具体试验实施可为更换同类型药量较大药筒的方式来实现。对于此种加严试验方式,也可通过药量之比对加严参数 k 进行确定,这种确定方式也是略偏于保守的,证明如下:

设额定状态下(设计状态)的装药量为 m_1,加严试验状态下的装药量为 m_2,在其他参数已知且为定值的情况下,加严参数计算公式为

$$k_3 = \frac{\mu_h}{\mu_p} = \frac{f \cdot m_2(V_0 - \alpha m_2)}{f \cdot m_1(V_0 - \alpha m_1)} = \frac{m_2}{m_1} \cdot \frac{V_0 - \alpha m_1}{V_0 - \alpha m_2} \quad (3-35)$$

由于 $m_1 < m_2$,可得 $(V_0 - \alpha m_1)/(V_0 - \alpha m_2) > 1$,则存在 $k_3 > m_2/m_1$,也即实际的加严参数 k_3 大于加严试验状态和额定状态下的装药量之比。

由上面的分析可知,如果气体分子体积修正量余容较小时,可直接采用装药量或腔体初始容积倒数之比作为加严参数的值。另外,对于功能可靠性,考虑到实际试验燃气压力 X_h 应大于机构阻力 X_f,故所选取的加严参数 k 应该存在一定的范围,即 $s < k < 1$。s 可由火工装置研制时给出的最小临界药量与额定状态下的设计药量之比进行确定;对强度可靠性试验,实际试验的燃气压力 X_h 应小于壳体极限破坏压力 X_{pr},所选取的加严系数 k 也应满足 $1 < k < m$。m 可由火工装置研制时给出的最大临界药量与额定状态下的设计药量之比进行确定。

3.4.1.2 冗余设计火工装置加严试验方式及加严参数的确定方法

1) 功能可靠性

对于冗余设计火工装置的功能可靠性分析评价试验,同样是通过减小燃气压力的方式来实现加严试验的目的,具体试验实施可为减少药筒数量或同时减少装药量的方式来实现。

对于减少药筒数量的加严试验方式,设额定状态下(设计状态)单个药筒的装药量为 m_1,则在其他参数已知且为定值的情况下,加严参数 k_1 为

$$k_1 = \frac{\mu_h}{\mu_p} = \frac{f \cdot m_1(V_0 - \alpha m_1)}{f \cdot m_1(V_0 - \alpha m_1) + f \cdot m_1(V_0 - \alpha m_1)} = \frac{1}{2} \quad (3-36)$$

对于同时减少装药量的加严试验方式,如果忽略气体分子体积修正量余容的影响,通过单个药筒所装药量之比也可以很方便地算出加严试验加严参数 k_2 的值,可以证明这种加严参数的选取方式是略偏于保守的(这种保守性在航空航天领域却也是合理和必要的),证明如下:

设额定状态下单个药筒的装药量为 m_1,加严试验状态下单个药筒的装药量为 m_2,在其他参数已知且为定值的情况下,加严参数为

$$k_2 = \frac{\mu_h'}{\mu_p'} = \frac{f \cdot m_2(V_0 - \alpha m_2) + f \cdot m_2(V_0 - \alpha m_2)}{f \cdot m_1(V_0 - \alpha m_1) + f \cdot m_1(V_0 - \alpha m_1)} = \frac{m_2}{m_1} \cdot \frac{V_0 - \alpha m_1}{V_0 - \alpha m_2} \quad (3-37)$$

由于 $m_1 > m_2$,可得 $(V_0 - \alpha m_1)/(V_0 - \alpha m_2) < 1$,则存在 $k_2 < m_2/m_1$,即实际的加严参数 k_2 小于加严试验状态和额定状态下的装药量之比,故加严参数 k_2 可保守取为 m_2/m_1。

2) 结构强度可靠性

对于冗余设计火工装置的结构强度可靠性分析评价试验,应采用同时增大装药量的方式来达到加严试验的目的。加严参数 k_3 同样可通过加严试验状态和额定状态下单个药筒的药量之比进行确定。

3.4.2 变异系数的确定方法

在火工装置可靠性加严试验分析评价公式中,变异系数是一个非常重要的参数。它的大小是由许多因素决定的。如材料本身散布的力学特性,加工工艺的不一致性,以及产品工作的环境条件的影响等。变异系数和设计裕度是影响火工装置可靠性的两大要素,要提高火工装置的可靠性,不能盲目的任意加大设计裕度,因为设计裕度增大往往可能带来其他问题(如冲击的增大)。因此,在火工装置的设计过程中,应对变异系数加以控制,从而提高火工装置的固有可靠性。在3.2、3.3节的可靠性加严试验分析评价公式中,主要应用了3个方面的变异系数:机构阻力分布的变异系数、燃气峰值压力分布的变异系数以及壳体极限破坏压力分布的变异系数。对于机构阻力分布的变异系数,一般是通过气动解锁或准静态的机械解锁的方式,获得机构解锁阻力的试验样本数据,进而利用GB/T 11791-1989《正态分布变异系数置信上限》确定机构阻力分布的变异系数,同时为了得到更为合理、有效的试验数据,确定机构解锁阻力的试验应根据装置的实际工作情况进行设计,本书这里不再过多阐述。下面将主要给出燃气峰值压力分布变异系数及壳体极限破坏压力分布变异系数的试验确定方法。

3.4.2.1 燃气峰值压力分布的变异系数

燃气峰值压力的大小主要受火药力、装药质量、药室容积3方面因素的影响,为了给出三者的变化对燃气峰值压力分布变异系数的影响,这里将式(3-32)的诺贝尔-艾贝尔方程进一步简化,给出工程上常用的燃气峰值压力的经验公式为

$$p = \frac{xfm}{v} \tag{3-38}$$

式中,$x = 0.98$ 为实际试验中燃气压力的修正系数,f 为装药的火药力,m 为装药的质量,v 为药室容积。

根据概率论知识及变异系数定义 $c = \sigma/\mu$,设 x, y 为相互独立的随机变量,则有式(3-39)和式(3-40)成立。

$$c(xy) = \frac{\sigma(xy)}{\mu(xy)} = \frac{(\mu_x^2 \sigma_y^2 + \mu_y^2 \sigma_x^2 + \sigma_x^2 \sigma_y^2)^{\frac{1}{2}}}{\mu_x \mu_y} = (c_x^2 + c_y^2 + c_x^2 c_y^2)^{\frac{1}{2}} \tag{3-39}$$

$$c\left(\frac{x}{y}\right) = \left(\frac{\mu_x^2 \sigma_y^2 + \mu_y^2 \sigma_x^2}{\mu_y^2 + \sigma_y^2}\right)^{\frac{1}{2}} \frac{1}{\mu_y} \cdot \frac{\mu_y}{\mu_x} = \left(\frac{c_y^2 + c_x^2}{1 + c_y^2}\right)^{\frac{1}{2}} \tag{3-40}$$

由式(3-38)~式(3-40)可得燃气压力分布的变异系数为

$$c_p = \left(\frac{c_v^2 + c_f^2 + c_m^2 + c_f^2 c_m^2}{1 + c_v^2}\right)^{\frac{1}{2}} \tag{3-41}$$

通过对式(3-41)进行分析可知,燃气峰值压力分布的变异系数主要由火药特性、装药量及药室容积的散布特性所决定。在实际生产中,由于环境变化、设备精度、操作者的技术水平及工艺方法等多个方面的影响,使得三者都存在一定的偏差,由此引起燃气峰值压力也存在一定的偏差。

在上述3个主要影响因素中,装药量和药室容积的散布在设计上较容易控制,可认为二者对燃气峰值压力的离散性影响较小,燃气峰值压力的离散性主要受火药力的散布特性所决定,如果火药力的变异系数已知,可以用式(3-41)较简单地计算出燃气峰值压力分布的变异系数。然而,一般情况下火药力的变异系数也是一个未知参数,要获得这个参数试验实施起来也较困难。因此,工程上对燃气峰值压力分布的变异系数是直接采用定容测压试验获得的。

定容测压试验一般要求采用与实际火工装置相同的结构进行测压,获得定容测压试验数据,采用直方图法和 GB/T 4882—2001《数据的统计处理和解释——正态性检验》[93]中的 Shapiro – Wilk 检验方法来验证点火器形成燃气峰值压力值服从正态分布;再利用 GB/T 11791—1989《正态分布变异系数置信上限》确定系统输出主驱动力的变异系数。

为了获得有效的试验结果,一般要求同一状态下的定容测压试验的样本量不少于15个。

3.4.2.2 火工装置壳体极限破坏压力分布的变异系数

壳体极限破坏压力一般情况下火工装置壳体的极限破坏压力是通过锁闭试验(发火的同时阻止活塞冲程或运动)来测量[5],因此对壳体极限破坏压力的分析可简化为对圆柱形容器所能承受的极限内压的分析。与烈性炸药(如 TNT 等)不同,烟火药一般是以燃爆产生燃气压力的形式作用在壳体上,壳体各部位所受冲击相对较均匀,故本书将其进一步简化为圆柱形压力容器受均匀内压 p 的作用,此时的应力算式为

$$\sigma_1 = \frac{pR}{2t}, \quad \sigma_2 = \frac{pR}{t} \tag{3-42}$$

式中,σ_1 为轴向应力;σ_2 为环向应力;R、t 分别为该柱形容器的外径和壁厚。

从式(3-42)中可以看出应力 σ 和壁厚 t 成反比。计算破坏压力 p_r 时,一般使用第3、第4强度理论[90]。使用第3强度理论,即最大剪应力理论,其算式为

$$p_{r3} = \frac{\sigma_b t}{R} \tag{3-43}$$

第4强度理论算式为

$$p_{r4} = \frac{2}{\sqrt{3}} \frac{\sigma_b t}{R} \tag{3-44}$$

对比式(3-43)和式(3-44)可知,第4强度理论得出的结果相对于第3强度理论较冒进,因此本书选用第3强度理论对火工装置壳体的极限破坏压力进行分析,火工装置壳体破坏压力 p_r 取为 p_{r3}。

通过上面的分析可知,火工装置壳体破坏压力 p_r 主要受壳体几何尺寸因素(半径 R、壁厚 t)及材料特性因素(材料极限强度 σ_b)的影响。由式(3-39)、式(3-40)可得火工装置壳体破坏压力 p_r 的变异系数 c_{p_r} 为

$$c_{p_r} = \left(\frac{c_R^2 + c_{\sigma_b}^2 + c_t^2 + c_{\sigma_b}^2 c_t^2}{1 + c_R^2} \right)^{\frac{1}{2}} \qquad (3-45)$$

式中,c_R、c_t、c_{σ_b} 分别为壳体半径 R、壁厚 t 以及材料极限强度 σ_b 的变异系数。

工程实践表明,产品的机加工尺寸以及材料性能等参数多呈正态分布[89]。因此,c_R、c_t、c_{σ_b} 可由装置的壳体半径 R、壁厚 t、材料极限强度 σ_b 的实测样本数据,利用 GB/T 11791-1989《正态分布变异系数置信上限》计算得出。此外,c_R、c_t 也可由产品的加工精度分析得出[88,94]。

需要指出的是,火工装置一般作用时间很短(在几十到上百毫秒之间),火药燃爆产生的燃气压力对壳体的作用应属于动态冲击的过程,因此式(3-45)中的 c_{σ_b} 应属于动载下(加载应变率 $\dot{\varepsilon}$ 在 $10^3 \sim 10^4 \mathrm{s}^{-1}$ 之间)材料极限强度 σ_b 的变异系数。动载下的材料极限强度可由霍普金森杆的动态冲击试验获得。

式(3-41)、式(3-45)中由几种影响因素的变异系数求出总体变异系数的方法被称作母体子因素测试结果综合法[90],该方法一般用于没有母体试验值或试验值很少的情况。但应说明的是,母体子因素法是一种工程近似处理方法,利用其获得的变异系数应进行适当的放大,使其更符合工程实际情况。另外,实际使用子因素综合法时,常会遇到某一因素的变异系数比其他子因素的变异系数大得多的情况。此时,进行初步分析,可以先将大的变异系数当作综合的变异系数,这样对母体变异系数的计算分析以及计算结果判断均有好处。

文献[90]中指出,在分析大量试验数据的基础上,确定压力容器内压强度变异系数为 0.05~0.1。个别情况下,可在 0.05~0.15 范围内取值。实际使用时,变异系数究竟取用何值,要根据工艺稳定程度和工艺水平判断。工艺质量好,薄弱环节单一,取变异系数为 0.05,若工艺质量一般,变异系数取为 0.1。

3.5 小结

通过本章中所给出的方法,可以实现用小样本分析评价解锁类火工装置高可靠性指标的要求(见表 A-1、A-2),为解锁类火工装置的可靠性分析评价工作提供了技术途径。通过本章的研究可以得出如下结论:

（1）解锁类火工装置实现功能的关键参数为燃气峰值压力，本章之所以可以采用改变药量、腔体容积或减少药筒数量的加严试验方式，是因为这些试验条件可通过诺贝尔-艾贝尔方程与燃气峰值压力建立起直接的关系，也就是说通过这些加严试验条件的改变可以直接获得燃气峰值压力的变化规律，这是本章加严试验法能够实施的基本保障。

（2）利用母体子因素对火工装置壳体极限破坏压力分布变异系数进行确定的方法属于一种工程处理方法，可解决现有试验手段无法直接获得动载下壳体极限承载能力的问题，但由于存在着一定的近似简化处理，故利用该方法所获得的变异系数应根据工程经验进行适当的放大，使其更符合实际工程情况。另外，这种思想也可应用在其他压力容器的结构强度可靠性分析评价上。

（3）结构强度可靠性分析评价试验一般是通过大药量下的锁闭试验来完成，故这种方法不仅适用于解锁类火工装置，同样也适用于切割类、作动类、推冲类等利用燃气压力完成功能的火工装置，用以分析评价其结构强度可靠性。

（4）火工装置可靠性是其自身的固有属性，生产后其可靠性固定。为保证产品的高可靠性，在设计时必须采取一定的裕度或冗余设计。出于火工装置这样的可靠性设计理念，本章采用加严试验方法来分析评价解锁类火工装置的可靠性。

第 4 章 索类、切割类火工装置可靠性小子样分析评价方法

第 3 章针对解锁类火工装置实现功能的特点,在进行可靠性分析评价时将其工作的燃气压力作为关键参数来考虑,而如何获取其工作燃气压力,采取的试验方法是定容测压的方法。然而这种可靠性分析评价方法具有一定的局限性,当产品完成功能的形式不再是燃气压力或产品的工作过程属变容腔过程时,该方法将无法应用。

本章通过对索类火工装置工作原理的分析发现,索类火工装置完成功能的形式已完全不同于解锁类火工装置。如切割索是通过金属射流的形式来完成对金属板的切割,而导爆索一般是以爆轰波的形式用于传爆终端装置,这些装置本身的性能参数很难被实时测量,而且药量的改变与输出性能参数之间的关系至今还很难给出合理的关系;同时,切割类火工装置工作时存在变容腔的过程,不满足解锁类火工装置工作的定容腔要求。因此,第 3 章所提出的解锁类火工装置的可靠性加严试验分析评价方法已不再适用于索类、切割类火工装置,必须针对这类火工装置实现功能的特点,研究新的可靠性试验分析的评价方法。

4.1 索类火工装置及其工作原理分析

索类火工装置是具有连续细长装药的柔性火工器装置的总称,主要分为切割索、导爆索和延期索等。切割索主要用于整流罩、窗口的切割分离以及级间的切割分离、推力终止、战斗部打开与导弹自毁等;导爆索主要用于将起爆器产生的爆轰或燃烧传递到终端装置;延期索是在传爆的同时具有一定的时间延迟控制功能。由于索类火工装置以线式代替点式切割或传爆的独特优势,目前在新型航天器上被广泛应用[7]。本书主要以聚能炸药索(切割索)为例,说明索类火工装置的工作原理。

聚能炸药索(Linear - Shaped Charge,LSC)是由内装有猛炸药的金属管,拉制成截面呈一定的 V 字形的细长索条。在起爆器点火时,管内的炸药爆炸,由聚能穿甲效应(亦称门罗效应(Monroe Effect)),形成一股由高温高压燃气和金属(或塑料)气化后的气体所组成的射流,能够切断一定厚度的金属板。

聚能炸药索所能切断金属的厚度是与炸药的威力、装药量、聚能角和炸高（炸药索离金属表面的距离）等因素有关。两种国产的聚能炸药索剖面如图4-1所示。药条式聚能炸药索是用黑索金炸药加上适当辅助成分压制成药条，外加一个由硅青铜条压制而成的金属聚能罩。还有一种铅管聚能炸药索，是将纯黑索金炸药装在铅管内或铅锑管内，用模具多次轧压而成。

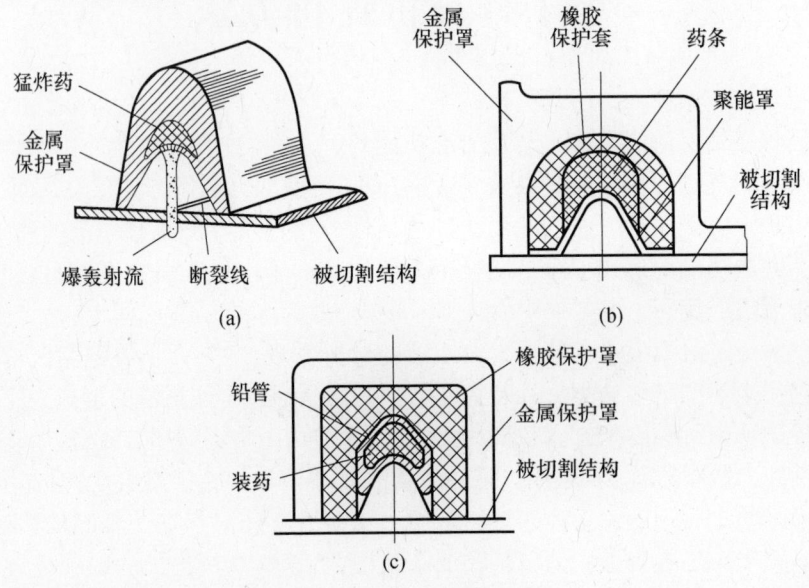

图4-1 聚能炸药索示意图
(a)聚能炸药索工作原理；(b)药条式聚能炸药索；(c)铅管聚能炸药索。

根据切割索的工作过程我们可以发现切割索完成功能的形式已不是单纯地依靠燃气压力，而是通过金属射流的方式来完成对金属板的切断，装置本身的基本参数很难被实时的测量。然而，通过分析发现，这些火工装置的工作性能却可以较容易地通过其作用对象试验样本的观察值（如切割索切断金属板的厚度、导爆索的传爆距离等）被间接测量。这样，对这类火工装置工作性能的研究可以转化到这些影响火工装置实现功能的关键参数上，这里将这些可被测量的影响火工装置实现功能的关键参数简称为索类火工装置的功能参数。因此，可以通过这些可被测量的功能参数来完成对索类火工装置功能可靠性的分析评价工作。

4.2 索类火工装置可靠性的加严试验分析评价原理

实际生产中，由于药粒尺寸的大小、均匀性、装填密度以及加工工艺的不一致性等，造成了火工装置的输出性能存在着随机性，这些随机性的出现导致了产品可能出现无法完成其功能的情况。同样,索类火工装置所具有的最大临界功能参数(如切割索能切割金属板的最大厚度、导爆索所能传爆的最长距离等)也具有一定的散布特性。这些散布特性的存在是产品需要进行可靠性分析的关键所在,那么如何定量地去确定这些散布特性,则是进行索类火工装置可靠性分析评价首先需要解决的问题。

GJB/Z 377A-94 中给出了 5 种确定临界值散布特性的统计方法,有兰利法、OSTR 法、Bruceton 升降法、概率单位法和完全步进法。但这些方法大多应用于火工品和火炸药的感度试验,用以评估发火可靠性,如果将其应用于索类火工装置最大临界功能参数的确定,则首先需要对这些方法进行适当改进。

上述这些统计方法中,升降法试验原理相对简单、易于操作,是目前我国火工界使用最为广泛的一种序贯试验设计方法。因此,本书也同样采用升降法试验确定索类火工装置的最大临界功能参数。当应用升降法试验去确定功能参数的散布特性时,首先应假定该参数服从的分布类型,对于这一点文献[3]在大量工程实践的基础上指出,当索类火工装置最大临界功能参数分布的变异系数在 3%~15% 之间时,可合理地认为其服从正态分布,故本书假设最大临界功能参数服从正态分布。

下面以切割索为例来说明升降法试验在索类火工装置的最大临界功能参数的确定上是如何实施的。

首先根据工程经验或已有的试验数据确定设计切割索所能切断金属板的最大厚度的平均值和标准差,并分别将二者取做升降法试验的初值 x_0 和步长 d。如图4-2所示,升降法试验中被切割金属板厚度系列为

$$x_i = x_0 + id, \quad i = \pm 1, \pm 2, \cdots \tag{4-1}$$

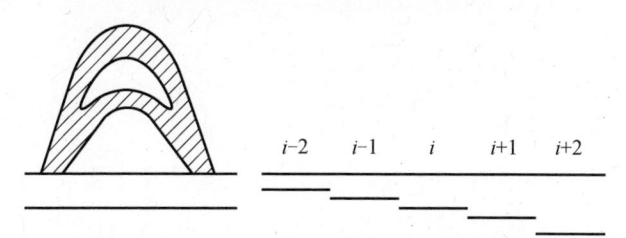

图 4-2 升降法试验中被切割金属板的厚度序列

采用初值 x_0 做第一次切割试验并记录试验的结果,如果切割索切断金属板记为 1,没有切断则记为 0。第二次及以后的每次切割试验所用金属板厚度的取法如下:如前次试验用金属板的厚度为 x_i,当试验结果金属板被切断时,本次试验所用金属板的厚度为 x_{i+1},当金属板没被切断时,为 x_{i-1}。试验的结果按表4-1的格式记录。

表4-1 升降法试验记录格式表

i	x_i	1	2	3	4	5	6	7	8	9	10	11	12	13	14
2	x_2												0		
1	x_1		0		0						0		1		0
0	x_0	1		0		0		0		1		1			
-1	x_{-1}						1		1						
-2	x_{-2}														

通过一系列的升降法试验给出最大临界功能参数的估计值$\hat{\mu}$、$\hat{\sigma}$以及$\hat{c} = \hat{\sigma}/\hat{\mu}$，此时可以利用这些功能参数的估计值计算出火工装置可靠性的点估计值，而如果需要给出可靠性的区间估计，则起码需要上百发的样本试验量，而且给出的估计结果偏于乐观[95]。为此很难直接采用升降法试验外推去分析评价索类火工装置的高可靠性指标要求(0.9999~0.99999)。

对于本书则只需利用升降法试验给出的最大临界功能参数的散布特性也就是变异系数，然而这个变异系数也是一个样本估计值，那么如何通过样本变异系数$\hat{c}$得到总体变异系数c呢？理论上，只有当升降法试验样本量$n \to \infty$时，才有$\hat{c} \to c$。然而，在现实情况下是无法实现的。为了能够在有限的试验样本量下使得到的估计结果更好地与总体真值一致，相关文献中曾给出了两种方法：纠偏系数法[79,96]和最大包罗法[97,98]。纠偏系数法的原理是对参数已知的临界值分布，进行N次计算机模拟升降法试验，得到N个刻度参数的极大似然估计值。由N个刻度参数的估计值，得到刻度参数估计量的经验分布，求得该经验分布函数的β分位数，按β分位数与已知刻度参数之比，求得纠偏系数。而最大包罗法是把一定置信度和样本数下的可靠性经典置信下限值，看成该置信度和样本数下的变异系数试验估计值趋近于真值的概率，或者说是变异系数估计值覆盖真值的概率。这样，可靠性经典置信下限$R_{L,C}$就把用有限样本获得的变异系数估计值和所要探求的变异系数真值紧密地联系在一起。

对于纠偏系数法来说，为了达到较好的纠偏效果，一般需要做3组升降法试验，试验数量较大。而对于所研究的问题却只需给出变异系数的保守估计，只需知道变异系数的真值最大不会超过多少即可。因此，本书选用最大包罗法作为获得总体变异系数的方法。这样做，无非是需要在可靠性分析评价试验中多进行几次发火试验，然而却明显要比多做几组升降法试验划算得多。另外，为保证升降法试验估计最大临界功能参数变异系数的有效性，试验试探总次数应不小于24，推荐$N = 30$。

4.2.1 功能可靠性模型的建立

通过前面的分析可以给出索类火工装置的功能可靠性模型，如图4-3所示,图中 $f_1(x)$ 为索类火工装置所具有的最大临界功能参数分布的概率密度函数,μ 为该分布的均值;g_p 为功能参数的设计值(设计厚度或传爆距离等)。

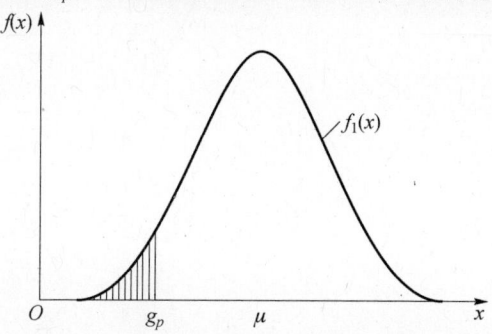

图 4-3 索类火工装置的功能可靠性模型

此时,索类火工装置的功能可靠性为

$$R_N = P(X \geq g_p) = 1 - \Phi\left(\frac{g_p - \mu}{\sigma}\right) = 1 - \Phi\left(\frac{g_p/\mu - 1}{c}\right) \tag{4-2}$$

式中,σ,c 分别为索类火工装置所具有的最大临界功能参数分布的标准差和变异系数。

从式(4-2)中可以看出,影响索类火工装置功能可靠性的最主要因素是产品所具有的最大临界功能参数分布的均值 μ 和设计功能参数 g_p 之比以及最大临界功能参数分布的变异系数 c,这里将前者之比定义为索类火工装置额定状态(设计状态)下的储备系数 η_p,有 $\eta_p = \mu/g_p$。由于储备系数的增大往往会带来更大的火工冲击等问题,故使得设计上不可能一味盲目地去加大储备系数,这时控制最大临界功能参数分布的变异系数对于保证火工装置固有可靠性来说显得格外重要。因此在火工装置的设计、生产过程中应该分析并控制影响变异系数的因素,使其在一个较小的范围内变化。

4.2.2 功能可靠性的加严试验分析评价原理

在索类火工装置的功能可靠性加严试验分析评价中可利用强化功能参数的方式,如增加切割索切断金属板的厚度以及增加导爆索的传爆距离等来实现加严试验的目的,其原理如图 4-4 所示,g_h 为强化后的功能参数。

此时,加严试验状态下的功能可靠性计算公式为

$$R_H = P(X \geq g_h) = 1 - \Phi\left(\frac{g_h - \mu}{\sigma}\right) = 1 - \Phi\left(\frac{g_h/\mu - 1}{c}\right) \tag{4-3}$$

根据前面储备系数的定义,可知加严试验状态下的储备系数 $\eta_h = \mu/g_h$,这里选择一个合适的加严参数 k,使得额定状态下的储备系数与加严试验状态下

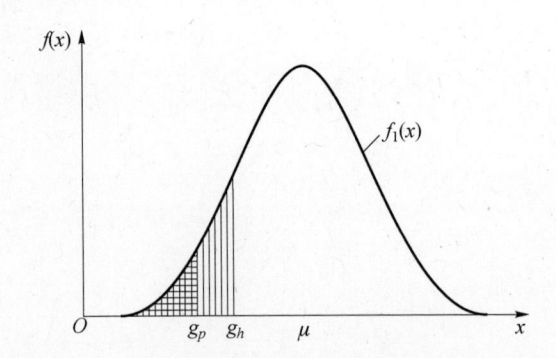

图4-4 索类火工装置功能可靠性的加严试验模型

的储备系数相关联,有

$$k = \frac{\eta_h}{\eta_p} = \frac{\mu g_h}{\mu g_p} = \frac{g_p}{g_h} \qquad (4-4)$$

假设额定状态下需分析评价的可靠度置信下限为 $R_{L,N}$,由标准正态分布函数的单调性,可得

$$\eta_{L,p} = \frac{1}{1 - c\Phi^{-1}(R_{L,N})} \qquad (4-5)$$

式中,$\eta_{L,p}$ 为额定状态下的储备系数下限。

由式(4-5)可知,分析评价额定状态下可靠度置信下限 $R_{L,N}$ 的问题可转化为分析评价其储备系数下限 $\eta_{L,p}$ 的问题。再由式(4-4)选定的加严参数 k 使得额定状态下的储备系数下限 $\eta_{L,p}$ 与加严试验状态下的储备系数下限 $\eta_{L,h}$ 相关联,分析评价额定状态下的储备系数下限 $\eta_{L,p}$ 问题最终可转化为分析评价加严试验状态下的储备系数下限 $\eta_{L,h}$ 问题。

假设在加严试验状态下做了 n 次成败型试验,无一失效,则由无失效条件下二项分布法则及给定的置信度 γ,可得

$$\eta_{L,h} = \frac{1}{1 + c\Phi^{-1}[1 - R_{L,H}]} = \frac{1}{1 + c\Phi^{-1}[1 - \sqrt[n]{(1-\gamma)}]} \qquad (4-6)$$

由式(4-6)可知,$\eta_{L,h}$ 可由加严试验状态下的成败型试验获得,通过上面的分析,可以通过加严试验状态下的成败型试验来实现分析评价产品额定状态下可靠性的目的,将式(4-5)、式(4-6)代入式(4-4),整理可得分析评价额定状态下可靠度置信下限 $R_{L,N}$(置信度为 γ)所需的加严试验次数 n 为

$$n = \ln(1-\gamma) \Big/ \ln\left\{1 - \Phi\left[\frac{(1-k) - c\Phi^{-1}(R_{L,N})}{kc}\right]\right\} \qquad (4-7)$$

4.3 关键参数的确定方法

通过对式(4-7)的研究可以发现,当需要分析评价的索类火工装置功能可靠度置信下限 $R_{L,N}$ 及置信度 γ 给定时,影响加严试验次数 n 的关键参数有加严参数 k 和变异系数 c,本节将对这两个关键参数进行研究,给出其确定方法。

4.3.1 加严试验方式及加严参数的确定方法

对于索类火工装置功能可靠性分析评价试验,是通过增大功能参数的方式来实现加严试验的目的,具体试验实施可为增加被切割金属板的厚度或增加传爆距离等方式来实现。此种强化方式的好处是可以直接把强化的功能参数与最大临界功能参数放在一个坐标下研究,避免了通过药量改变的加严试验方式需要研究药量与输出功能参数之间的关系问题,而这种关系对于索类火工装置往往也是很难确定的。此时,加严参数 k 可由设计功能参数与强化后的功能参数之比求出。

4.3.2 变异系数的确定方法

为确定最大临界功能参数分布的变异系数,首先应对该参数进行升降法试验,然后利用最大包罗法给出最大临界功能参数分布的总体变异系数。

升降法试验可按 GJB/Z 377A—94《感度试验用数理统计方法》及前文的改进措施进行实施,建议试验样本量 n 为30。试验结束后可求出变异系数的估计值 $\hat{c}$,有

$$\hat{\mu} = \frac{1}{n}\sum_{i=1}^{n} X_i, \hat{\sigma} = \sqrt{\frac{1}{n-1}\sum_{i=1}^{n}(\hat{\mu} - X_i)^2}, \hat{c} = \hat{\sigma}/\hat{\mu} \quad (4-8)$$

式中,X_i 为每次升降法试验中所用到的临界功能参数值(如金属板的厚度),n 为所进行的升降法试验次数。

获得最大临界功能参数分布的变异系数估计值 $\hat{c}$ 后,根据升降法试验次数 n 和所要求的置信度 γ,通过式(4-9)或查表4-2得到最大包罗系数 δ,按 $c = \hat{c}/\delta$ 计算最大临界功能参数分布的总体变异系数 c。

$$\delta = \sqrt[n]{(1-\gamma)} \quad (4-9)$$

表4-2 最大包罗系数表

γ	δ									
	$n=24$	$n=25$	$n=26$	$n=27$	$n=28$	$n=29$	$n=30$	$n=40$	$n=50$
0.70	0.95	0.95	0.95	0.95	0.95	0.95	0.96	0.97	0.97
0.75	0.94	0.94	0.94	0.95	0.95	0.95	0.95	0.96	0.97
0.80	0.93	0.93	0.94	0.94	0.94	0.94	0.94	0.96	0.96

(续)

γ	\multicolumn{9}{c}{δ}
	$n=24$	$n=25$	$n=26$	$n=27$	$n=28$	$n=29$	$n=30$	$n=40$	$n=50$
0.85	0.92	0.92	0.92	0.93	0.93	0.93	0.93	0.95	0.96
0.90	0.90	0.91	0.91	0.91	0.92	0.92	0.92	0.94	0.95
0.95	0.88	0.88	0.89	0.89	0.89	0.90	0.90	0.92	0.94
0.99	0.82	0.83	0.83	0.84	0.84	0.85	0.85	0.89	0.91

4.4 切割类火工装置可靠性的加严试验分析评价原理及关键参数的确定方法

通过前面4.1节对索类火工装置工作原理的分析发现，索类火工装置实现功能的形式已不再是燃气压力，故本书第3章所提出的解锁类火工装置的可靠性加严试验分析评价方法已无法应用于索类火工装置。而对于本节中的切割类火工装置，虽然其完成功能的形式依然是燃气压力，但其实现功能的过程已不同于解锁类火工装置的定容工作情况。如图4-5所示，切割类火工装置为防止切刀在被切割物的表面留下划痕以及防止切刀被磨损而变钝等原因，在设计上一般都会在切刀和被切割物之间留有一定的距离，而且为了完全切断被切割物，切刀必须运动一定的行程才能完成功能，故切割类火工装置与解锁类火工装置相比应属于变容腔工作过程。因此，切割类火工装置已不能通过定容测压的方式来获得可靠性分析评价试验所需的关键参数。

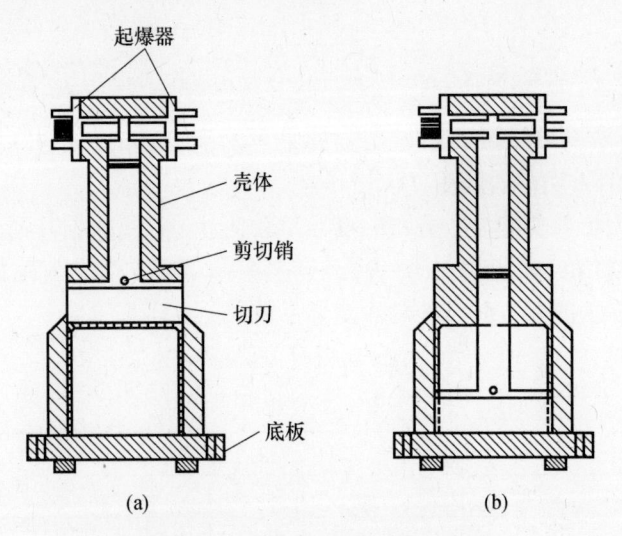

图4-5 切割类火工装置示意图
(a)动作前状态；(b)动作后状态。

与索类火工装置相类似,切割类火工装置的工作性能同样可以通过其作用对象试验样本的观察值(如切割杆的直径等)被间接测量。这样,我们就可以采用本章中所提出的方法来研究切割类火工装置的可靠性分析评价问题。

首先对影响切割类火工装置实现功能的关键参数如切割杆的直径,按正态分布进行最大临界功能参数分布的升降法试验(文献[51]中曾按概率单位法证实了这一点),确定该参数分布的变异系数,然后采用增大切割杆直径的加严试验方式,进而通过式(4-7)确定所需的加严试验次数 n,分析评价切割类火工装置的功能可靠性。

4.5 小结

利用本章中所提出的方法,能够实现用10发以内的试验样本量分析评价索类、切割类火工装置 $0.99999(\gamma=0.95)$ 的可靠性指标要求(见表 B-1),为索类、切割类火工装置的可靠性分析评价工作提供了技术途径。通过本章的研究可以得出如下结论:

(1) 本章中所提出的方法采用对影响索类火工装置实现功能的关键参数进行强化的方式,可有效避免第3章中采用药量改变的加严试验方式需知道药量与输出性能参数之间的确定关系(诺贝尔-艾贝尔方程)问题,而这种关系对于索类火工装置目前工程上还无法给出明确的关系。同样,对于变容腔工作的切割类火工装置如仍采用定容条件下关键参数的确定方法也不再合理。

(2) 对于索类火工装置由于其工作时本身就具有一定破坏性,故其结构强度可靠性一般工程上不作为重点关注内容,而对于切割类火工装置的结构强度可靠性分析评价问题可参照第3章中解锁类火工装置的分析评价过程在锁闭条件下进行。

(3) 尽管采用最大包罗法给出的是变异系数的保守估计,但如果火工装置的实际使用环境较复杂时,应考虑这些环境因素对最大临界功能参数分布的影响,故进行升降法试验时应尽量模拟火工装置的实际使用工况或者根据实际工程经验对升降法获得的变异系数进行修正。

第5章　性能参数型火工装置可靠性小子样分析评价方法

在前面章节中针对解锁类、索类和切割类火工装置已明确了相应的可靠性小子样分析评价方法，而根据火工装置可靠性特征量的分类，作动类、推力类和弹射分离类火工装置属于性能参数型火工装置，这类火工装置一般要求性能参数（如能量和推力、冲量和分离速度等）在规定的范围内，此时加严试验法已不再适用。因此，需采用第2.2节的性能参数型可靠性分析评价方法来评估这类火工装置的可靠性。

5.1　性能参数型火工装置及其工作原理分析

5.1.1　作动类火工装置

作动类火工装置在工作时一般来说应按要求对某部件提供一定的位移，工作后，应锁定在规定的范围内。典型的作动类分离装置有拔销器和推销器。拔销器工作时，点火器产生的燃气通过壳体上的通孔流入高压容腔，推动活塞剪断剪切销，并克服阻力使活塞回缩做功。此类火工装置装药点火后的产物被密封在壳体内，不会产生多余物和污染物，结构比较简单，工作可靠。

此类火工装置在使用过程中的主要性能参数为压力或者能量，在完成做功时，需剪断剪切销并克服阻力使活塞回缩做功，该性能参数的规范限一般可以通过试验或者历史数据给出。

5.1.2　推力类火工装置

推力类火工装置一般是指分离火箭，工作时产生推力，对被推动的物体做功，使物体达到一定的运动速度和加速度，用于完成运载火箭的级间分离、助推器分离、推进剂管理等预定功能。按使用方式有反推火箭、正推火箭和侧推火箭等。

分离火箭工作时，通过点火器引燃点火药盒，点火药盒产生的高温燃气产物流经装药的表面，将装药迅速加热而点燃，装药燃烧后产生大量的高温燃气，燃气在燃烧室的限制下形成高压。高温、高压燃气通过喷管高速喷出，形成反作用力，该反作用力推动分离火箭向前运动。若分离火箭与某一物体连接在一起，则分离火箭工作时能给该物体提供推力。

分离火箭使用过程中的主要性能参数有平均推力和总冲。平均推力是指火箭从建压到工作结束过程中推力的平均值；总冲是指分离火箭推力对推力作用时间的积分，一般在使用中会规定二者的下限值。

5.1.3 弹射分离类火工装置

弹射分离类火工装置主要包括弹射筒或火工分离推杆，用于提供舱段或部件的分离推力和分离速度，一般由起爆药、主装药、筒体、推杆和剪切销等零部件组成。工作时，火药爆炸产生的高压气体推动推杆头部的活塞向外移动，剪断剪切销后再继续推动被分离物体向前运动，从而实现舱段或部件的分离。

火工分离推杆使用过程中的主要性能参数为其推动被分离物体的分离速度，一般在使用时会规定该值的下限值。

5.2 性能参数型可靠性分析评价原理

在实际工程应用中，推力类、弹射分离类火工装置的性能参数一般受某些固定值的限制。如火工分离推杆在点火分离时要求推杆的在轨分离速度不小于最小分离速度，分离火箭工作时同样要求其真空平均推力和真空总冲量不小于规定的下限值，此时上述火工装置的性能参数要求不小于下规范限；此外，如需控制上述火工装置的点火同步性时则需对其点火时间进行限制，此时性能参数一般要求不大于上规范限。这里的单侧规范限可根据工程经验和系统要求直接给出，无需试验测量。作动类火工装置性能参数的规范限虽然一般不会明确给出，但在可靠性分析评价时，往往会通过试验或者历史数据确定产品性能参数的规范限。为此，针对作动类、推力类和弹射分离类火工装置的实际工作特点（能给出产品规范限），给出两种简化后的性能参数型可靠性分析评价方法。

5.2.1 基于非中心 t 分布的可靠性分析评价方法的简化与分析

在2.2.1节给出了应力和强度均服从正态分布时的可靠度精确置信下限，本小节将对此问题进行简化，采用类似推导过程，给出应力（或强度）为常数，强度（或应力）服从正态分布情况下的可靠性分析评价方法。当应力（或强度）已知单侧规范限或者双侧规范限情况下的可靠度精确置信下限分析评价方法。此时的可靠性分析评价模型称为单正态分布模型。

5.2.1.1 已知下规范限 L 时的简化与分析

产品的下规范限为 L,随机变量 X 服从 $N(\mu,\sigma^2)$ 的正态分布,分布参数均未知,可靠性分析评价模型如图 5-1 所示。设 $x_1,x_2,\cdots,x_n$ 为随机变量 X 的 n 个独立测量值,$\bar{x},s_x$ 分别为其样本均值和样本标准差,令 $K_L = (\bar{x}-L)/s_x$。

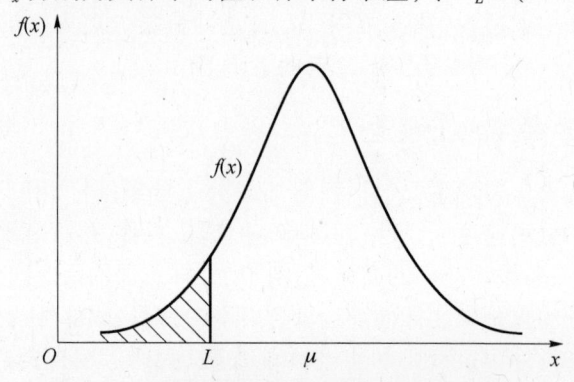

图 5-1 已知下规范限的可靠性分析评价模型

在对服从正态分布的随机变量 X 进行 n 次测量后,如果对 $n+1$ 次及以后的测量值感兴趣,但是在 $n+1$ 及以后处并未进行观察或者暂时无法进行观察时,可以在前面 n 次测量值的基础上对其进行预测。

引入中间变量,设 $y_1,y_2,\cdots,y_k$ 为 X 的未来 k 个独立观察值,$\bar{y}$ 为 k 个观察值的样本均值,即

$$\bar{y} = \sum_{j=1}^{k} y_j/k \tag{5-1}$$

随机变量 X 的样本均值分别服从以下分布:$\bar{x} \sim N(\mu,\sigma^2/n)$,$\bar{y} \sim N(\mu,\sigma^2/k)$
定义随机变量 Z,有

$$Z = \bar{x} - \bar{y} \tag{5-2}$$

则有

$$E(Z) = E(\bar{x} - \bar{y}) = E(\bar{x}) - E(\bar{y}) = 0 \tag{5-3}$$

$$D(Z) = D(\bar{x} - \bar{y}) = D(\bar{x}) + D(\bar{y}) = \sigma^2\left(\frac{1}{n} + \frac{1}{k}\right) \tag{5-4}$$

将随机变量 Z 化为标准正态分布,则有

$$Z' = \frac{Z}{\sqrt{D(Z)}} = \frac{\bar{x}-\bar{y}}{\sigma\sqrt{1/n+1/k}} \sim N(0,1) \tag{5-5}$$

由统计学知识可知

$$(n-1)s_x^2/\sigma^2 \sim \chi^2(n-1) \tag{5-6}$$

故
$$T = \frac{Z'}{s_x/\sigma} = \frac{\bar{x}-\bar{y}}{s_x\sqrt{1/n+1/k}} \sim t(n-1) \qquad (5-7)$$

由于火工装置具有一次性作用的特点,在执行任务时只需工作一次。所以,未来观察值 $k=1$。其功能可靠性就是未来这一次观察值大于应力值的概率,即

$$R_L = P\{\bar{y} \geq L\} \qquad (5-8)$$

对式(5-8)进行恒等变形,得

$$R_L = P\left\{\frac{\bar{x}-\bar{y}}{s_x\sqrt{1/n+1}} < \frac{\bar{x}-L}{s_x\sqrt{1/n+1}}\right\} = P\left\{\frac{\bar{x}-\bar{y}}{s_x\sqrt{1/n+1}} < \sqrt{\frac{n}{n+1}}K_L\right\} \qquad (5-9)$$

结合式(5-7)和式(5-9)可知,其可靠度计算公式为

$$R_L = t_{n-1}(\sqrt{n/(n+1)}K_L) \qquad (5-10)$$

式(5-10)只是产品可靠度的点估计值,如将此可靠度看作产品的可靠度置信下限,可将此点估计转化为区间估计。根据文献[99]可知,其对应的置信度计算公式为

$$\gamma = F_{n-1,\sqrt{n}\omega_L}(\sqrt{n}K_L) \qquad (5-11)$$

式(5-10)和式(5-11)中:$t_n(x)$是在自由度为 n 时,中心 t 分布在 x 处的累积概率密度,$F_{n,\sigma}(x)$ 表示自由度为 n,非中心参数为 σ 的非中心 t 分布的分布函数在 x 处的值,$\omega_L = \Phi^{-1}(R_L)$。

5.2.1.2 已知上规范限 U 时的简化与分析

产品的上规范限为 U,随机变量 X 服从 $N(\mu,\sigma^2)$ 的正态分布,分布参数均未知,可靠性分析评价模型如图5-2所示。设 $x_1,x_2,\cdots,x_n$ 为随机变量 X 的 n 个独立测量值,$\bar{x},s_x$ 分别为其样本均值和样本标准差,令 $K_U = (U-\bar{x})/s_x$。

则此产品的可靠度为

$$R_U = t_{n-1}(\sqrt{n/(n+1)} \cdot K_U) \qquad (5-12)$$

如将式(5-12)中的可靠度当成产品的可靠度置信下限,则对应的置信度为

$$\gamma = F_{n-1,\sqrt{n}\omega_U}(\sqrt{n}K_U) \qquad (5-13)$$

式中,$\omega_U = \Phi^{-1}(R_U)$,其余参数定义同5.2.1.1节。

式(5-12)的推导过程类似于式(5-10),在此不再赘述。

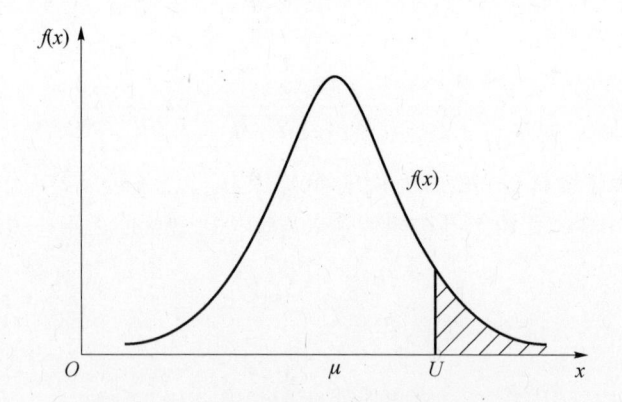

图 5-2 已知上规范限的可靠性分析评价模型

5.2.1.3 已知上、下规范限(U、L)时的简化与分析

此种情况下的可靠性分析评价模型如图 5-3 所示,阴影部分为可能发生失效的失效区。当同时已知火工装置的下规范限 L 和上规范限 U 时,其功能可靠性就是未来这一次观察值介于下规范限 L 和上规范限 U 之间的概率值,即

$$R = P(L < \bar{y} < U) \tag{5-14}$$

对式(5-14)进行恒等变形,得

$$R = 1 - P(\bar{y} \leq L) - P(\bar{y} \geq U) = P(\bar{y} \geq L) + P(\bar{y} \leq U) - 1 = R_L + R_U - 1 \tag{5-15}$$

在计算出产品的可靠度 R 后,通过式 $R = t_{n-1}(\sqrt{n/(n+1)} \cdot K)$ 计算系数 K 值和 ω 值,再代入 $\gamma = F_{n-1,\sqrt{n}\omega}(\sqrt{n}K)(\omega = \Phi^{-1}(R))$ 中计算产品的置信度。

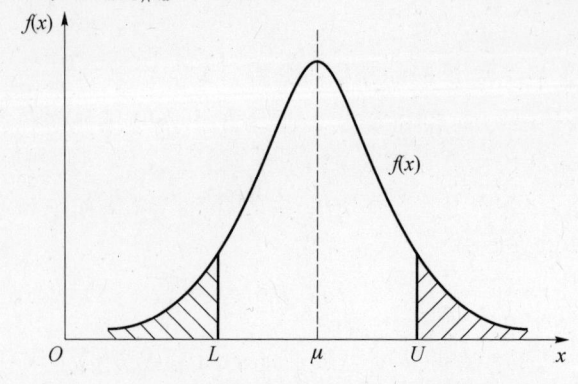

图 5-3 已知双侧规范限的可靠性分析评价模型

5.2.2 基于储备系数的可靠性分析评价方法的简化与分析

在 2.2.2 节中给出了容许参数值服从正态分布时的可靠性分析评价方法,

本小节根据火工装置工作特点对此方法进行简化与分析，将容许参数值作为某确定值处理，此时该确定值称作规范限。

5.2.2.1 已知下规范限 L 时的简化与分析

对于性能参数 X 受特征量容许下限 L 限制的火工装置，其可靠性为

$$R^L = P\{x > L\} = P\{\eta > 1\} \tag{5-16}$$

式中，$\eta = x/L$ 为性能参数的储备系数。

假设火工装置的性能参数 x 服从正态分布（可对性能参数的样本观测值按 GB/T 4882—2001《数据的统计处理和解释—正态性检验》作正态性检验，判断其是否服从正态分布），则此时储备系数 η 服从正态分布，式(5-16)可写为

$$R^L = \Phi\left(\frac{\mu_\eta - 1}{\sigma_\eta}\right) \tag{5-17}$$

式中，μ_η 为储备系数的数学期望；σ_η 为储备系数的标准差。

通过上面的分析，可知

$$\mu_\eta = \frac{\mu_x}{L} \tag{5-18}$$

$$\sigma_\eta = \frac{\sigma_x}{L} = \frac{\mu_x}{L} \cdot \frac{\sigma_x}{\mu_x} = \mu_\eta \cdot c_x \tag{5-19}$$

式中，μ_x、σ_x、c_x 分别为性能参数 x 的数学期望、标准差以及变异系数。

将 σ_η 的表达式代入式(5-17)，得

$$R^L = \Phi\left(\frac{\mu_\eta - 1}{\mu_\eta \cdot c_x}\right) \tag{5-20}$$

假设在火工装置可靠性试验中获得了 n 个其性能参数的样本值 $x_1, x_2, \cdots, x_n$，则根据样本值 x_i 用数理统计方法可求出储备系数的数学期望估计以及该估计的标准差为

$$\hat{\mu}_\eta = \sum_{i=1}^{n} \eta_i/n = \sum_{i=1}^{n} x_i/nL = \hat{\mu}_x/L \tag{5-21}$$

$$\sigma_{\hat{\mu}_\eta} = \frac{\sigma_\eta}{\sqrt{n}} = \frac{\mu_\eta \cdot c_x}{\sqrt{n}} \approx \frac{\hat{\mu}_x \cdot c_x}{\sqrt{nL}} \tag{5-22}$$

把式(5-20)中 R^L 看成是 μ_η 的函数，对 μ_η 求导可得

$$\frac{\partial R^L}{\partial \mu_\eta} = \varphi\left\{\frac{\mu_\eta - 1}{\mu_\eta \cdot c_x}\right\} \cdot \frac{1}{\mu_\eta^2 \cdot c_x} > 0 \tag{5-23}$$

由于 $\partial R^L/\partial \mu_\eta > 0$，故可靠度置信下限 R_L^L 表达式可写为

$$R_L^L = \Phi\left(\frac{\eta_L - 1}{\eta_L \cdot c_x}\right) \tag{5-24}$$

式中，η_L 为储备系数的置信度为 γ 的置信下限。

由第 2 章式（2-58）可知，η_L 可简化为

$$\eta_L = \hat{\mu}_\eta - u_\gamma \cdot \sigma_{\hat{\mu}_\eta} = \hat{\mu}_\eta\left(1 - \frac{u_\gamma \cdot c_x}{\sqrt{n}}\right) \tag{5-25}$$

5.2.2.2 已知上规范限 U 时的简化与分析

对于性能参数 X 受特征量容许上限 U 限制的火工装置，其可靠性为

$$R^U = P\{x < U\} = P\{\theta < 1\} \tag{5-26}$$

式中，$\theta = x/U$ 为性能参数实际储备系数的倒数，在此称为逆储备系数（如此设定的目的是当性能参数服从正态分布时逆储备系数服从正态分布）。

如果火工装置的性能参数 x 服从正态分布，则式（5-26）可写为

$$R^U = \Phi\left(\frac{1 - \mu_\theta}{\sigma_\theta}\right) \tag{5-27}$$

式中，μ_θ 为逆储备系数的数学期望；σ_θ 为逆储备系数的标准差。

通过上面的分析，可知

$$\mu_\theta = \frac{\mu_x}{U} \tag{5-28}$$

$$\sigma_\theta = \frac{\sigma_x}{U} = \mu_\theta \cdot c_x \tag{5-29}$$

式中，μ_x、σ_x、c_x 分别为性能参数 x 的数学期望、标准差以及变异系数。

将 σ_θ 的表达式代入式（5-27），得

$$R^U = \Phi\left(\frac{1 - \mu_\theta}{\mu_\theta \cdot c_x}\right) \tag{5-30}$$

假设在火工装置可靠性试验中获得了 n 个其性能参数的样本值 $x_1, x_2, \cdots, x_n$。则根据样本值 x_i 用数理统计方法可求出逆储备系数的数学期望估计以及该估计的标准差为

$$\hat{\mu}_\theta = \sum_{i=1}^{n} \theta_i/n = \sum_{i=1}^{n} x_i/nU = \hat{\mu}_x\, U \tag{5-31}$$

$$\sigma_{\hat{\mu}_\theta} = \frac{\sigma_\theta}{\sqrt{n}} = \frac{\mu_\theta \cdot c_x}{\sqrt{n}} \approx \frac{\hat{\mu}_x \cdot c_x}{\sqrt{n}U} \tag{5-32}$$

把式(5-30)中 R^U 看成是 μ_θ 的函数,对 μ_θ 求导可得

$$\frac{\partial R^U}{\partial \mu_\theta} = \varphi\left\{\frac{1-\mu_\theta}{\mu_\theta \cdot c_x}\right\} \cdot \frac{-1}{\mu_\theta^2 \cdot c_x} < 0 \tag{5-33}$$

由于 $\partial R^U/\partial \mu_\theta < 0$,故可靠度置信下限 R_L^U 表达式可写为

$$R_L^U = \Phi\left(\frac{1-\overline{\theta}}{\overline{\theta} \cdot c_x}\right) \tag{5-34}$$

式中,θ_U 为逆储备系数的置信度为 γ 的置信上限。

由第 2 章式(2-58)可知,θ_U 可简化为

$$\theta_U = \hat{\mu}_\theta + u_\gamma \cdot \sigma_{\hat{\mu}_\theta} = \hat{\mu}_\theta\left(1 + \frac{u_\gamma \cdot c_x}{\sqrt{n}}\right) \tag{5-35}$$

5.2.2.3 已知上、下规范限(U、L)时的简化与分析

对于性能参数 X 受特征量容许下限 L 和特征量容许上限 U 双侧参数限制时,则可分别用 L 和 U 计算可靠度 R_L^L 和 R_L^U,R_L 可写为

$$R_L = R_L^U + R_L^L - 1 \tag{5-36}$$

5.3 小结

本章针对加严试验法无法分析评价性能参数型火工装置可靠性的问题,给出了一种基于参数测量的性能参数型可靠性分析评价方法,可用简单的方式、较少量的试验次数去分析评价作动类、推力类、弹射分离类火工装置的可靠性指标。同时,本章所述方法同样适用于其他性能参数型航天器机构的可靠性分析评价。

第6章 火工装置可靠性小子样分析评价的试验设计方法

为了解决现有试验方法无法分析评价火工装置高可靠性要求的难题,在第3章至第5章中通过分析各类火工装置的工作特点,给出了相应的可靠性小子样分析评价方法。为使上述方法能够更好地指导工程应用,本章在前面章节所提出理论方法基础上,给出了具体的试验设计方法。

6.1 解锁类火工装置可靠性分析评价的试验设计方法

当额定状态下的可靠度置信下限 $R_{L,N}$ 及对应的置信度 γ 均为已知时,根据第3章推导出的公式可知,决定所需试验次数的关键参数有加严参数 k 和变异系数 c。于是,试验设计的任务是选择合适的加严参数 k,再根据实际所要求分析评价的可靠性(功能可靠性或结构强度可靠性)确定相应的变异系数,进而算出加严试验次数 n,并确定验证合格的准则,即"n 次试验无一失效"。

6.1.1 功能可靠性分析评价的试验设计方法

解锁类火工装置功能可靠性分析评价的试验实施流程图如图 6-1 所示。下面结合该图说明本方法的具体实施步骤:

步骤1:确定加严试验方式及加严参数 k 的值。

根据现有试验条件确定可行的加严试验方式:更换药量较小的同类型药筒或者增大腔体初始容积。另外,根据第3章的分析,本书直接选择药量或腔体初始容积倒数之比作为加严参数 k 的值。

步骤2:确定燃气峰值压力分布的变异系数 c_p、c_h。

进行额定状态和加严试验状态下两种药筒的定容测压试验,获得相应的燃气峰值压力值试验样本数据,采用 GB/T 4882-2001《数据的统计处理和解释-正态性检验》中的 Shapiro-Wilk 检验方法来验证药筒形成燃气峰值压力服从正态分布;再利用 GB/T 11791-1989《正态分布变异系数置信上限》确定两种药筒输出燃气峰值压力分布的变异系数 c_p、c_h。

第6章 火工装置可靠性小子样分析评价的试验设计方法

```
                    ┌─────────┐
                    │  开始   │
                    └────┬────┘
                         │
          ┌──────────────▼──────────────┐
          │ 确定加严试验方式及加严参数k │ ─── 1
          └──────────────┬──────────────┘
                         │
          ┌──────────────▼──────────────────┐
          │ 确定燃气峰值压力分布的变差系数  │ ─── 2
          │            $c_p$、$c_h$          │
          └──────────────┬──────────────────┘
                         │
          ┌──────────────▼──────────────┐
          │ 确定机构阻力分布的变差系数$c_f$ │ ─── 3
          └──────────────┬──────────────┘
                         │
          ┌──────────────▼──────────────┐
          │ 根据要求用功能可靠性分析评价公式计算 │ ─── 4
          │      确定加严试验次数n      │
          └──────────────┬──────────────┘
                         │
          ┌──────────────▼──────────────┐
          │ 对n个样本进行加严试验状态下的 │ ─── 5
          │         成败型试验          │
          └──────────────┬──────────────┘
                         │
          ┌──────────────▼──────────────┐
          │ 分析评价解锁类火工装置功能可靠性 │ ─── 6
          └──────────────┬──────────────┘
                         │
                    ┌────▼────┐
                    │  结束   │
                    └─────────┘
```

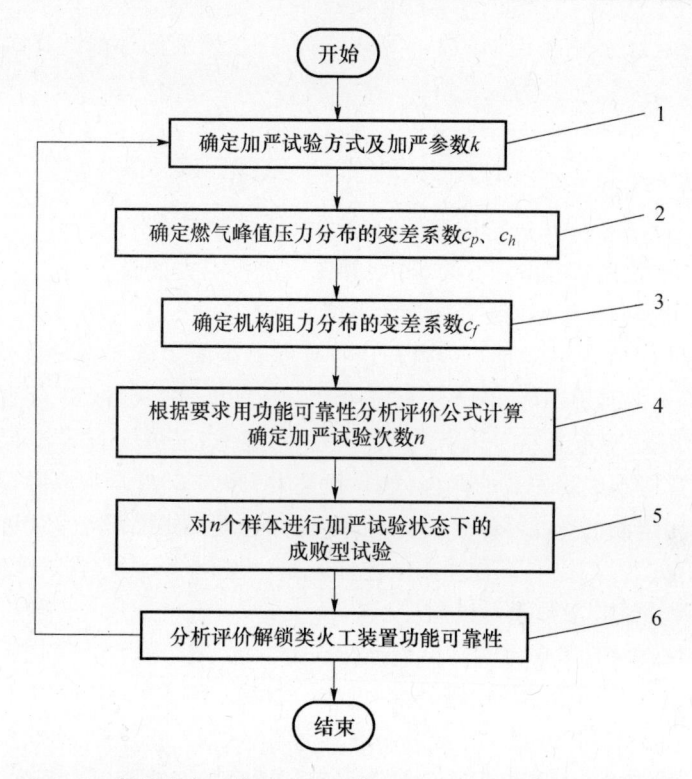

图 6-1 解锁类火工装置功能可靠性分析评价的试验实施流程图

步骤3：确定机构阻力分布的变异系数 c_f。

根据解锁类火工装置的实际工作特点,对影响其解锁功能的结构阻力进行测试,获得相应的结构阻力试验样本数据,利用 GB/T11791-1989《正态分布变异系数置信上限》确定机构阻力分布的变异系数 c_f。当 $c_f < 0.03$ 时,认为其对可靠性分析评价试验次数的影响不大,可以忽略;当 $0.03 \leq c_f \leq 0.1$ 时,必须考虑其对试验次数的影响;当 $c_f > 0.1$ 时,可认为产品设计或生产环节出现了不合理的情况,应加以排除,重新设计或生产。

步骤4：根据要求用功能可靠性分析评价公式计算确定试验次数 n。

根据给定的功能可靠置信下限 $R_{L,N}$ 由式(6-1)求出额定状态下的储备系数下限 $\eta_{L,p}$,再由步骤1确定的加严参数 k 得到加严试验状态下的储备系数下限 $\eta_{L,h} = \eta_{L,p}/k$,最后将 $\eta_{L,h}$ 代入式(6-2)计算出所需的加严试验次数 n。

$$\eta_{L,p} = 1 + \Phi^{-1}(R_{L,N}) \sqrt{\eta_{L,p}^2 c_p^2 + c_f^2} \qquad (6-1)$$

$$n = \ln(1-\gamma) \Big/ \ln\Phi\left\{\frac{\eta_{L,h}-1}{\sqrt{\eta_{L,h}^2 c_h^2 + c_f^2}}\right\} \qquad (6-2)$$

当机构阻力分布的变异系数 c_f 可忽略为 0 时，所需的加严试验次数 n 计算如下：

$$n = \ln(1-\gamma) \Big/ \ln\left\{ \Phi\left[\frac{\Phi^{-1}(R_{L,N}) \cdot c_p + k - 1}{k c_h} \right] \right\} \qquad (6-3)$$

步骤 5：对 n 个样本进行加严试验状态下的成败型试验。

按加严试验状态准备好 n 个样本，并依次进行点火试验。

步骤 6：分析评价火工装置功能可靠性。

分析评价火工装置功能可靠性应进一步包括判断步骤 5 中发火试验后的 n 个样本是否全部实现功能，若 n 个样本全部实现功能，则认为火工装置满足额定状态下的功能可靠度置信下限 $R_{L,N}$（置信度 γ）要求；若 n 个样本没有全部实现功能，则判定样本试验失败的原因，如果确是由于火工装置自身原因造成试验失败，则可以判定该批产品不符合设计可靠性指标要求；如果因火工装置自身以外的因素（如加严参数选取不合理或试验环境发生变化等）而造成试验失败，则返回步骤 1，调整试验参数重做试验。

所述步骤 1 中，考虑到实际试验燃气压力应大于机构阻力 F，故所选取的加严参数应该存在一定的范围，即 $s < k < 1$。s 可由火工装置研制时给出的最小临界药量与额定状态下的设计药量之比进行确定。

所述步骤 2 中，为避免药室结构发生变化而对燃气峰值压力产生影响，定容测压试验应采用与实际火工装置相同的结构来完成测压工作。另外，大量的试验数据也表明，同类产品的燃气峰值压力分布的变异系数一般会在一个范围内波动，故当产品现有试验数据较少而需对产品进行可靠性分析评价时，可以选取其同类产品中较大的变异系数值作为参数进行分析，也就是说对于在生产制造环节可能产生的随机误差已经做了最大程度的考量。

所述步骤 4 中，加严试验状态下的可靠性分析评价依照经典的二项分布律，而只有当失败数 $f=0$ 时，经典的可靠度置信下限 $R_{L,C} = \sqrt[n]{(1-\gamma)}$，故该公式中计算出的 n 为样本无失效情况下的试验次数。

6.1.2　结构强度可靠性分析评价的试验设计方法

解锁类火工装置结构强度可靠性分析评价的试验实施流程图如图 6-2 所示。下面结合该图说明本方法的具体实施步骤：

步骤 1：确定加严试验方式及加严参数 k 的值。

通过增大药筒装药量的方式来实现加严试验的目的，具体试验实施为将原有药筒更换为同类型药量较大的药筒。另外，根据第 3 章的分析，本书直接选择药量之比作为加严参数 k 的值。

第6章 火工装置可靠性小子样分析评价的试验设计方法

```
         开始
          │
          ▼
┌───────────────────────┐
│ 确定加严试验方式及加严参数 k │──── 1
└───────────────────────┘
          │
          ▼
┌─────────────────────────────┐
│ 确定燃气峰值压力分布的变差系数 $c_p$、$c_h$ │──── 2
└─────────────────────────────┘
          │
          ▼
┌──────────────────────────┐
│ 确定壳体极限强度分布的变差系数 $c_{pr}$ │──── 3
└──────────────────────────┘
          │
          ▼
┌──────────────────────────┐
│ 根据要求用结构强度可靠性分析评价公式  │──── 4
│   计算确定加严试验次数 n         │
└──────────────────────────┘
          │
          ▼
┌──────────────────────────┐
│ 对 n 个样本进行锁闭条件下的成败型加严 │──── 5
│              试验              │
└──────────────────────────┘
          │
          ▼
┌──────────────────────────┐
│ 分析评价解锁类火工装置结构强度可靠性 │──── 6
└──────────────────────────┘
          │
          ▼
         结束
```

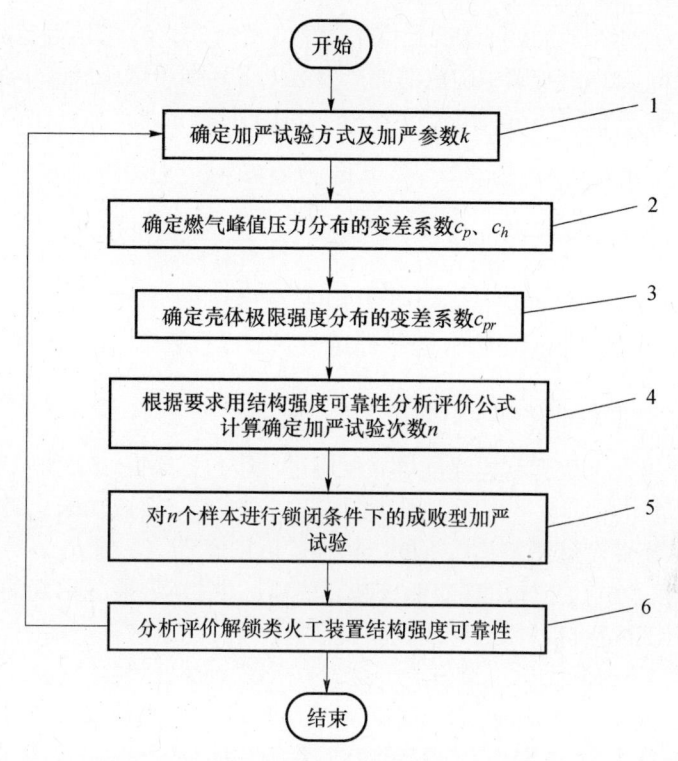

图 6-2 解锁类火工装置结构强度可靠性分析评价的试验实施流程图

步骤2：确定燃气峰值压力分布的变异系数 c_p、c_h。

进行额定状态和加严试验状态下两种药筒的定容测压试验，获得相应的燃气峰值压力值试验样本数据，采用 GB/T 4882-2001《数据的统计处理和解释-正态性检验》中的 Shapiro-Wilk 检验方法来验证药筒形成燃气峰值压力值服从正态分布；再利用 GB/T 11791-1989《正态分布变异系数置信上限》确定两种药筒输出燃气峰值压力分布的变异系数 c_p、c_h。

步骤3：确定壳体极限破坏压力分布的变异系数 c_{pr}。

采用母体子因素法由式(6-4)计算壳体极限破坏压力分布的变异系数 c_{pr} 为

$$c_{p_r} = \left(\frac{c_R^2 + c_{\sigma_b}^2 + c_t^2 + c_{\sigma_b}^2 c_t^2}{1 + c_R^2} \right)^{\frac{1}{2}} \qquad (6-4)$$

c_R、c_t、c_{σ_b} 可分别由火工装置的壳体半径 R、壁厚 t、材料极限强度 σ_b 的实测样本数据，利用 GB/T 11791-1989《正态分布变异系数置信上限》计算得出。此外，由于燃气压力对壳体的作用属动态冲击过程，故材料极限强度应由霍普金森杆的动态冲击试验获得。

步骤4：根据要求用结构强度可靠性分析评价公式计算确定加严试验次数 n。

根据给定的结构强度可靠度置信下限 $R_{L,N}$ 由式(6-5)求出额定状态下的储备系数下限 $\eta_{L,p}$，再由步骤一确定的加严参数 k 得到加严试验状态下的储备系数下限 $\eta_{L,h}=k\eta_{L,p}$，最后将 $\eta_{L,h}$ 代入式(6-6)计算出所需的加严试验次数 n，即

$$\eta_{L,p}=1+\Phi^{-1}(R_{L,N})\sqrt{\eta_{L,p}^2 c_{p_r}^2+c_p^2} \qquad (6-5)$$

$$n=\ln(1-\gamma)\Big/\ln\Phi\left\{\frac{\eta_{L,h}-1}{\sqrt{\eta_{L,h}^2 c_{p_r}^2+c_h^2}}\right\} \qquad (6-6)$$

步骤5：对 n 个样本进行锁闭条件下的成败型加严试验。

抽取 n 个样本进行锁闭后，按加严试验状态进行装配，并依次进行成败型发火试验。

步骤6：分析评价火工装置结构强度可靠性。

分析评价火工装置结构强度可靠性应进一步包括判断步骤5中发火试验后 n 个样本的壳体是否有变形或破裂情况，若 n 个样本全部成功未出现上述情况，则认为火工装置满足额定状态下的结构强度可靠度置信下限 $R_{L,N}$（置信度 γ）要求；若 n 个样本中有壳体出现变形或破裂的情况，则判定情况出现的原因，如果确是由于火工装置自身原因造成试验失败，则可以判定该批产品不符合设计可靠性指标要求；如果因火工装置自身以外的因素（如加严参数选取不合理或试验环境发生变化等）而造成试验失败，则返回步骤1，调整试验参数重做试验。

所述步骤1中，考虑到实际试验燃气压力应小于壳体的极限破坏压力 p_r，故所选取的加严参数应该存在一定的范围，即 $1<k<m$。m 可由火工装置研制时给出的最大临界药量与额定状态下的设计药量之比进行确定。

所述步骤3中，为避免不同批次材料性能之间的差异，在进行壳体材料极限破坏压力测量时，霍普金森杆动态冲击试验的试验件材料应与火工装置的制造材料为同批材料。另外，火工装置壳体所承受的是燃气压力的内压作用，壳体内部应力为拉应力，故应采用霍普金森拉杆系统作为动态冲击试验的试验装置，并且加载应变率应与燃气压力对壳体的动态冲击加载应变率在量级上相当。

所述步骤4中，加严试验状态下的可靠性分析评价依照经典的二项分布律，而只有当失败数 $f=0$ 时，经典的可靠度置信下限 $R_{L,C}=\sqrt[n]{(1-\gamma)}$，故该式中计算出的 n 为样本无失效情况下的试验次数。另外，从故障物理学的角度来说，为防止失效机理的改变，也应避免出现样本失效的情况。

6.2 冗余设计火工装置可靠性分析评价的试验设计方法

6.2.1 功能可靠性分析评价的试验设计方法

冗余设计火工装置功能可靠性分析评价的试验实施流程图如图6-3所示。

第6章 火工装置可靠性小子样分析评价的试验设计方法

下面结合该图说明本方法的具体实施步骤：

```
                开始
                 │
    ┌────────────▼─────────────┐
    │ 选取加严试验方式及确定加严参数k │ —— 1
    └────────────┬─────────────┘
                 │
    ┌────────────▼─────────────┐
    │ 确定单个药筒燃气峰值压力分布的变差 │ —— 2
    │ 系数 $c_p$、$c_h$          │
    └────────────┬─────────────┘
                 │
    ┌────────────▼─────────────┐
    │ 确定机构阻力分布的变差系数 $c_f$  │ —— 3
    └────────────┬─────────────┘
                 │
    ┌────────────▼─────────────┐
    │ 按选取的加严试验方式根据对应的可靠性 │ —— 4
    │ 分析评价公式计算确定试验次数 $n$   │
    └────────────┬─────────────┘
                 │
    ┌────────────▼─────────────┐
    │ 对 $n$ 个样本进行相应加严试验状态下的 │ —— 5
    │ 成败型试验                │
    └────────────┬─────────────┘
                 │
    ┌────────────▼─────────────┐
    │ 分析评价冗余设计火工装置功能可靠性 │ —— 6
    └────────────┬─────────────┘
                 │
                结束
```

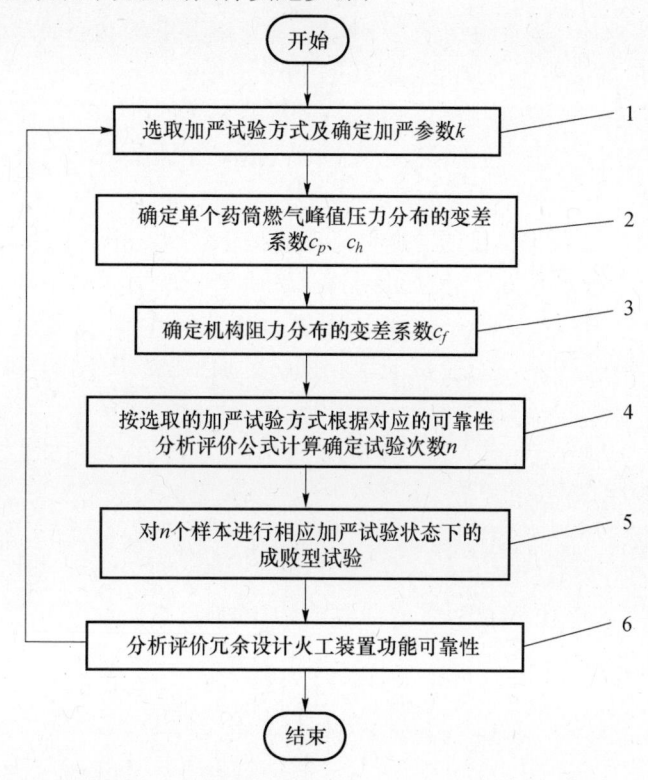

图6-3 冗余设计火工装置功能可靠性分析评价的试验实施流程图

步骤1：选取加严试验方式及确定对应的加严参数 k 的值。

根据冗余设计火工装置的设计结构特点及现有的试验条件，本方法提出如下两种加严试验实现途径：

（1）在保持药筒装药量不变的情况下，减少其数量；

（2）在保持药筒数量不变的情况下，同时减少装药量。

根据第3章的分析，通过途径（1），加严参数 k_1 取为 0.5；通过途径（2），加严参数 k_2 由加严试验状态和额定状态下药筒的药量之比进行确定。

步骤2：确定单个药筒燃气峰值压力分布的变异系数 c_p、c_h。

进行额定状态和加严试验状态下单个药筒的定容测压试验，获得相应的燃气峰值压力值试验样本数据，采用 GB/T 4882—2001《数据的统计处理和解释——正态性检验》中的 Shapiro-Wilk 检验方法来验证药筒形成燃气峰值压力值服从正态分布；再利用 GB/T 11791—1989《正态分布变异系数置信上限》确定两种状态下药筒输出峰值压力分布的变异系数 c_p、c_h（途径（1）只是药筒数量上的减少，故只需确定加严试验状态下单个药筒的燃气峰值压力分布的变异系数 c_h）。

73

步骤 3:确定机构阻力分布的变异系数 c_f。

根据解锁类火工装置的实际工作特点,对影响其解锁功能的结构阻力进行测试,获得相应的结构阻力试验样本数据,利用 GB/T 11791-1989《正态分布变异系数置信上限》确定机构阻力分布的变异系数 c_f。

步骤 4:按选取的加严试验方式根据对应的可靠性分析评价公式计算确定试验次数 n。

针对途径(1):根据给定的功能可靠度置信下限 $R_{L,N}$ 由式(6-7)求出额定状态下的储备系数下限 $\eta_{L,p}$,由于此时选择的加严试验方式只是药筒数量上的减少,故加严参数 k_1 为 0.5,也即加严试验状态下的储备系数下限 $\eta_{L,h} = 0.5\eta_{L,p}$,最后将 $\eta_{L,h}$ 代入式(6-8)计算出所需的加严试验次数 n_1,即

$$\eta_{L,p} = 1 + \Phi^{-1}(R_{L,N})\sqrt{0.5\eta_{L,p}^2 c_h^2 + c_f^2} \qquad (6-7)$$

$$n_1 = \ln(1-\gamma)\bigg/\ln\Phi\left\{\frac{\eta_{L,h}-1}{\sqrt{\eta_{L,h}^2 c_h^2 + c_f^2}}\right\} \qquad (6-8)$$

当机构阻力分布的变异系数 c_f 可忽略为 0 时,可直接计算出所需的加严试验次数 n_1 为

$$n_1 = \ln(1-\gamma)\bigg/\ln\left\{1-\Phi\left[\frac{1-\sqrt{2}\Phi^{-1}(R_{L,N})\cdot c_h}{c_h}\right]\right\} \qquad (6-9)$$

针对途径(2):根据给定的功能可靠度置信下限 $R_{L,N}$ 由式(6-10)求出额定状态下的储备系数下限 $\eta'_{L,p}$,再由步骤 1 确定的加严参数 k_2 得到加严试验状态下的储备系数下限 $\eta'_{L,h} = k_2\eta'_{L,p}$,最后将 $\eta'_{L,h}$ 代入式(6-11)计算出所需的加严试验次数 n_2,即

$$\eta'_{L,p} = 1 + \Phi^{-1}(R_{L,N})\sqrt{0.5(\eta'_{L,p})^2 c_p^2 + c_f^2} \qquad (6-10)$$

$$n_2 = \ln(1-\gamma)\bigg/\ln\Phi\left\{\frac{\eta'_{L,h}-1}{\sqrt{0.5(\eta'_{L,h})^2 c_h^2 + c_f^2}}\right\} \qquad (6-11)$$

同样,当机构阻力分布的变异系数 c_f 可忽略为 0 时,可直接计算出所需的加严试验次数 n_2 为

$$n_2 = \ln(1-\gamma)\bigg/\ln\left\{1-\Phi\left[\frac{\sqrt{2}-\Phi^{-1}(R_{L,N})\cdot c_p - \sqrt{2}k_2}{k_2\cdot c_h}\right]\right\} \qquad (6-12)$$

步骤 5:对 n 个样本进行相应加严试验状态下的成败型试验。

根据选择的加严试验途径,按加严试验状态准备好 n 个样本,并依次进行点火试验。

步骤6：分析评价冗余设计火工装置的功能可靠性。

分析评价冗余设计火工装置功能可靠性应进一步包括判断步骤5中加严试验状态下的 n 个样本试验是否全部成功，若 n 个样本试验全部成功，则认为冗余设计火工装置满足额定状态下的功能可靠度置信下限 $R_{L,N}$（置信度 γ）要求；若 n 个样本试验没有全部成功，则判定样本试验失败的原因，如果确是由于火工装置自身原因造成试验失败，则可以判定该批产品不符合设计可靠性指标要求；如果因火工装置自身以外的因素（如加严参数选取不合理或试验环境发生变化等）而造成试验失败，则返回步骤1，调整试验参数重做试验。

所述步骤2中，根据冗余设计理念，本书只对单个药筒进行定容测压试验即可，从而可有效节省试验费用。

此外，关于其他步骤的一些附加条款和注意事项可参照6.1.1节。

6.2.2 结构强度可靠性分析评价的试验设计方法

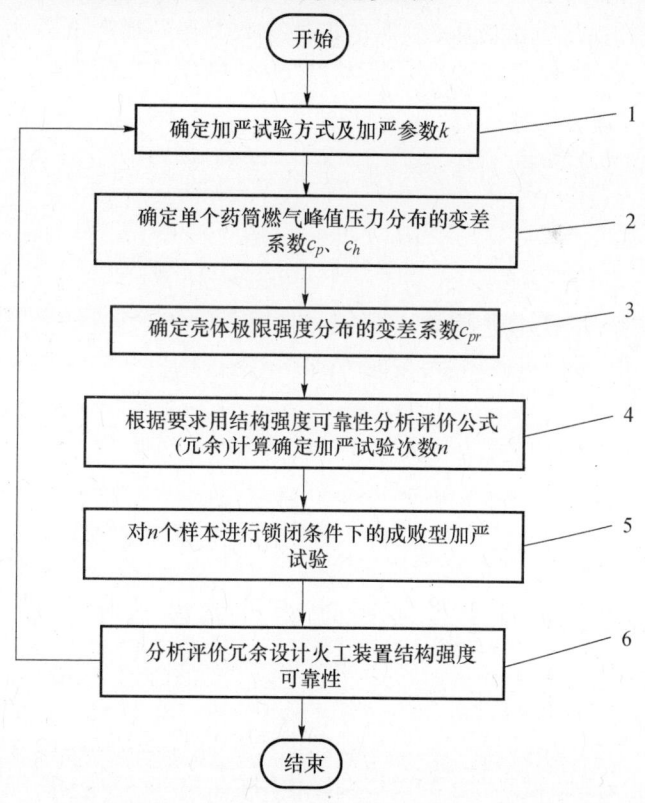

冗余设计火工装置结构强度可靠性分析评价的试验实施流程图如图6-4所示，下面结合该图说明本方法的具体实施步骤：

图6-4 冗余设计火工装置结构强度可靠性分析评价的试验实施流程图

步骤1:确定加严试验方式及加严参数 k 的值。

通过同时增大药筒装药量的方式来实现加严试验的目的,具体试验实施为将冗余设计药筒同时更换为同类型药量较大的药筒。加严参数 k 由加严试验状态和额定状态下药筒的药量之比进行确定。

步骤2:确定单个药筒燃气峰值压力分布的变异系数 c_p、c_h。

进行额定状态和加严试验状态下单个药筒的定容测压试验,获得相应的燃气峰值压力值试验样本数据,采用 GB/T 4882-2001《数据的统计处理和解释-正态性检验》中的 Shapiro-Wilk 检验方法来验证药筒形成燃气峰值压力值服从正态分布;再利用 GB/T 11791-1989《正态分布变异系数置信上限》确定两种状态下药筒输出峰值压力分布的变异系数 c_p、c_h。

步骤3:确定壳体极限破坏压力分布的变异系数 c_{p_r}。

参照6.1.2节的步骤3执行。

步骤4:根据要求用结构强度可靠性分析评价公式计算确定加严试验次数 n。

根据给定的结构强度可靠度置信下限 $R_{L,N}$ 由式(6-13)求出额定状态下的储备系数下限 $\eta'_{L,p}$,再由步骤一确定的加严参数 k 得到加严试验状态下的储备系数下限 $\eta'_{L,h} = \eta'_{L,p}/k$,最后将 $\eta'_{L,h}$ 代入式(6-14)计算出所需的加严试验次数 n,即

$$\eta'_{L,p} = 1 + \Phi^{-1}(R_{L,N}) \sqrt{(\eta'_{L,p})^2 c_{p_r}^2 + 0.5 c_p^2} \qquad (6-13)$$

$$n = \ln(1-\gamma) \Big/ \ln \Phi \left\{ \frac{\eta'_{L,h} - 1}{\sqrt{(\eta'_{L,h})^2 c_{p_r}^2 + 0.5 c_h^2}} \right\} \qquad (6-14)$$

步骤5:对 n 个样本进行锁闭条件下的成败型加严试验。

抽取 n 个样本进行锁闭后,按加严试验状态进行装配,并依次进行成败型发火试验。

步骤6:分析评价冗余设计火工装置结构强度可靠性。

可参照6.1.2节的步骤6执行。

另外,关于其他步骤的一些附加条款和注意事项可参照6.1.2节。

6.3 索类、切割类火工装置功能可靠性分析评价的试验设计方法

索类、切割类火工装置功能可靠性分析评价的试验实施流程图如图6-5所示,下面结合该图说明本方法的具体实施步骤:

步骤1:确定加严试验方式及加严参数 k 的值。

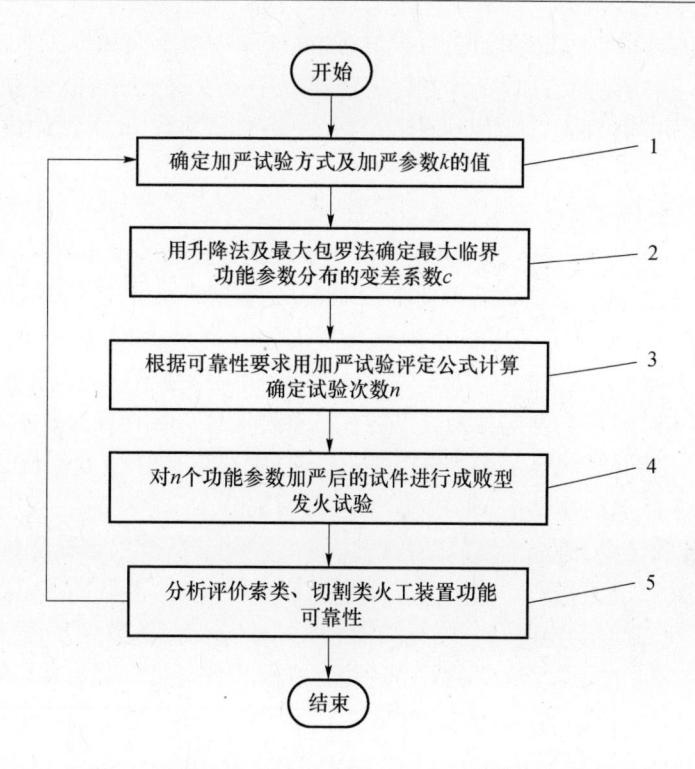

第6章 火工装置可靠性小子样分析评价的试验设计方法

图6-5 索类、切割类火工装置功能可靠性分析评价的试验实施流程图

根据现有试验条件确定可行的加严试验方式:对于切割器,选择增大被切割金属杆的直径;对于切割索,选择增大被切割金属板的厚度;对于导爆索,选择增大传爆间隙。加严参数 k 可由加严试验状态和额定状态下的直径、厚度或间隙距离之比进行确定。

步骤2:用升降法及最大包罗法确定最大临界功能参数分布的变异系数 c。

为确定最大临界功能参数分布的变异系数,首先应对索类(切割类)火工装置的功能参数进行升降法试验,获得索类(切割类)火工装置最大临界功能参数的样本变异系数 $\bar{c}$,然后利用最大包罗法给出最大临界功能参数分布的总体变异系数 c。

步骤3:根据可靠性要求用加严试验分析评价公式计算确定试验次数 n。

将所要求分析评价的功能可靠性 $R_{L,N}$(置信度 γ)以及步骤1确定的加严参数 k 和步骤2确定的最大临界功能参数分布的变异系数 c,代入式(6-15)计算出所需的加严试验次数 n,即

$$n = \ln(1-\gamma) \Big/ \ln\left\{1 - \Phi\left[\frac{(1-k) - c\Phi^{-1}(R_{L,N})}{kc}\right]\right\} \qquad (6-15)$$

步骤4:对 n 个功能参数加严后的试件进行成败型发火试验。

设计 n 个功能参数加严后的试件(如增大直径后的金属杆、增加厚度后的金属板等),并随机抽取 n 个设计状态的火工装置,依次对 n 个试件进行成败型发火试验。

步骤5:分析评价火工装置功能可靠性。

分析评价火工装置功能可靠性应进一步包括判断步骤4中火工装置是否对 n 个功能参数强化后的试件全部实现功能,若 n 个试件试验全部成功,则认为火工装置满足额定状态下的功能可靠度置信下限 $R_{L,N}$(置信度 γ)要求;若 n 个试件试验没有全部成功,则判定试验失败的原因,如果确是由于火工装置自身原因造成试验失败,则可以判定该批火工装置不符合设计可靠性指标要求;如果因火工装置自身以外的因素(如加严参数选取不合理或试验环境发生变化等)而造成试验失败,则返回步骤1,调整试验参数重做试验。

所述步骤1中,考虑到实际试验的功能参数应小于火工装置所具有的最大临界功能参数,故所选取的加严参数 k 应该存在一定的范围,即 $1<k<q$。q 可由火工装置研制时给出的最大临界功能参数与设计功能参数之比进行确定。

所述步骤4中,加严试验状态下的可靠性分析评价依照经典的二项分布律,而只有当失败数 $f=0$ 时,经典的可靠度置信下限 $R_{L,C}=\sqrt[n]{(1-\gamma)}$ 成立,故该公式中计算出的 n 为样本无失效情况下的试验次数。

6.4　性能参数型火工装置可靠性分析评价的试验设计方法

6.4.1　基于非中心 t 分布的可靠性分析评价的试验设计方法

6.4.1.1　双正态分布模型下的可靠性试验设计方法

双正态分布模型下的可靠性分析评价流程如图6-6所示。下面结合该图说明其具体实施步骤:

步骤1:计算随机变量 W 的试验样本量。

根据性能参数型火工装置的工作特点,选取适当的性能参数。以拔销器为例,在不考虑拔销器上附加载荷等因素情况下,销钉阻力(随机变量 X_1)和点火器产生的燃气压力(随机变量 X_2)就可当做该产品可靠性评价时的性能参数。值得说明的是,火工装置的性能参数选取并不唯一,还可选取拔销器的所需能量(完成所需功能的最小能量)和传递能量(点火器输出做功的能量)作为产品的性能参数,在实际工程中应根据试验成本、方案可实施性等综合因素加以考虑。

对随机变量 X_1 和 X_2 分别进行了 e 次和 f 次测量后,根据试验结果,采用 GJB 4883-85《数据的统计处理和解释正态样本异常值的判断和处理》中所给

第6章 火工装置可靠性小子样分析评价的试验设计方法

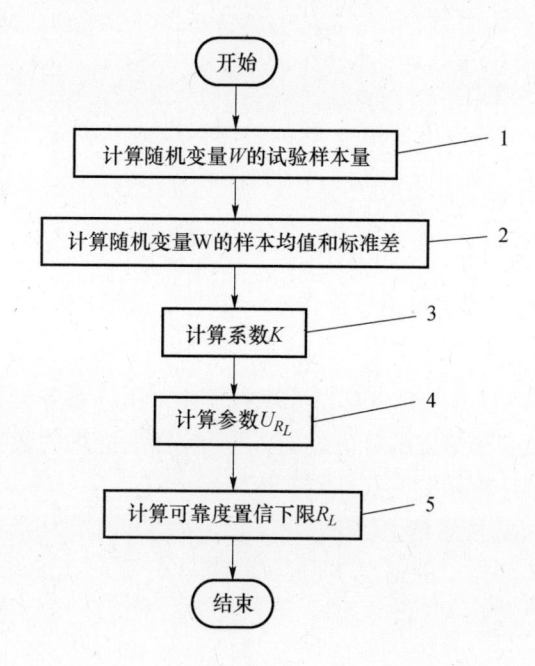

图6-6 双正态分布模型下的可靠性试验评估流程

格拉布斯(Grubbs)检验法来判断试验结果中是否存在异常值,如存在异常值,则将此数值剔除样本。采用 GB/T 4882-2001《数据的统计处理和解释-正态性检验》中的 Shapiro-Wilk 检验方法来验证产品的性能参数是否服从正态分布。

如果不存在异常值且性能参数 X_1 和 X_2 均服从正态分布,则随机变量 $W = X_1 - X_2$ 实际上具有 $T = ef$ 个试验样本量($W_i(i=1,2,\cdots,T)$)。

步骤2:计算随机变量 W 的样本均值和标准差。

根据随机变量 X_1 和 X_2 的试验数据分别计算随机变量 W 的样本均值和标准差如下:

均值为

$$\overline{W} = \frac{1}{T}\sum_{i=1}^{e}\sum_{j=1}^{f}(x_i - y_j) \qquad (6-16)$$

标准差为

$$S_w = \sqrt{\frac{1}{T-1}\sum_{k=1}^{T}(W_k - \overline{W})^2} \qquad (6-17)$$

步骤3:计算系数 K。

根据步骤2确定的随机变量 W 样本均值和标准差计算系数 K 为

$$K = \overline{W}/S_w \qquad (6-18)$$

步骤4:计算参数 U_{R_L}。

根据步骤1确定的随机变量 W 的试验样本量 T 和步骤3中确定的系数 K,反解出参数 U_{R_L},即

$$\gamma = F_{T-1,\sqrt{T}U_{R_L}}(\sqrt{T}K) \qquad (6-19)$$

式中,$F_{T-1,\sqrt{T}U_{R_L}}(\sqrt{T}K)$ 表示自由度为 $T-1$,非中心参数为 $\sqrt{T}U_{R_L}$ 的非中心 t 分布的分布函数在 $\sqrt{T}K$ 的值。

式(6-19)可通过 GB/T 15932-1995《非中心 t 分布分位数表》查表给出,对于标准中所列数表未给出的分位数值,可用该标准提供的数据内做线性内插或抛物线内插进行计算。

步骤5:计算可靠度置信下限 R_L。

在给定置信水平为 γ 的情况下,根据步骤4计算所得的参数 U_{R_L} 计算产品的可靠度置信下限,即

$$R_L = \Phi(U_{R_L}) \qquad (6-20)$$

6.4.1.2 单正态分布模型下的可靠性试验设计方法

单正态分布模型下的可靠性分析评价流程如图6-7所示。下面结合该图说明其具体实施步骤:

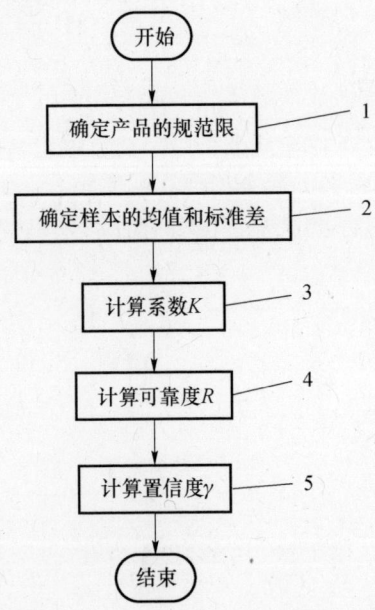

图6-7 单正态分布模型下的可靠性试验评估流程

第6章 火工装置可靠性小子样分析评价的试验设计方法

步骤1：确定产品的规范限。

根据性能参数型火工装置的工作特点，选取适当的性能参数。同样以拔销器为例，在不考虑拔销器上附加载荷等外加因素情况下，对于拔销器、推销器类的性能参数型火工装置，往往可以根据试验结果或历史数据，给出销钉阻力的置信上限作为产品性能参数的下规范限 L，产品壳体强度的置信上限作为性能参数的上规范限 U。此时，该产品可靠性分析评价中的应力和强度两个性能参数，其中之一便为常数，即产品的下规范限或上规范限，另一个性能参数需要通过试验进行测量。

步骤2：确定样本的均值和标准差。

根据步骤1确定的产品规范限，对产品性能参数进行测量（如拔销器点火燃气压力）。根据试验测量结果，采用 GB 4883 – 85《数据的统计处理和解释正态样本异常值的判断和处理》中所给格拉布斯（Grubbs）检验法来判断试验结果中是否存在异常值，如存在，则将此数值剔除样本。采用 GB/T 4882 – 2001《数据的统计处理和解释 – 正态性检验》中的 Shapiro – Wilk 检验方法来验证产品的性能参数是否服从正态分布。如果服从正态分布，分别计算样本均值和标准差如下：

均值为
$$\bar{x} = \sum_{i=1}^{n} x_i / n \tag{6-21}$$

标准差为
$$s_x = \sqrt{\sum_{i=1}^{n}(x_i - \bar{x})^2/(n-1)} \tag{6-22}$$

步骤3：计算系数 K。

根据步骤1和步骤2计算系数 K，当已知产品的下规范限 L 时，系数 K_L 为
$$K_L = (\bar{x} - L)/s_x \tag{6-23}$$

当已知产品的上规范限 U 时，系数 K_U 为
$$K_U = (U - \bar{x})/s_x \tag{6-24}$$

步骤4：计算可靠度 R。

当已知产品的下规范限 L 时：
$$R^L = t_{n-1}\left(\sqrt{\frac{n}{n+1}} \cdot K_L\right) \tag{6-25}$$

当已知产品的上规范限 U 时：

$$R^U = t_{n-1}\left(\sqrt{\frac{n}{n+1}} \cdot K_U\right) \qquad (6-26)$$

步骤 5:计算置信度 γ。

如果将步骤 4 中计算出的可靠度看做产品的可靠度置信下限,其相应的置信度为

$$\gamma = F_{n-1,\sqrt{n\omega}}(\sqrt{n}K) \qquad (6-27)$$

式中,$\omega = \Phi^{-1}(R)$,$F_{n-1,\sqrt{n\omega}}(\sqrt{n}K)$ 表示自由度为 $n-1$,非中心参数为 $\sqrt{n}\omega$ 的非中心 t 分布的分布函数在 $\sqrt{n}K$ 的值。

式(6-27)可通过 GB/T 15932—1995《非中心 t 分布分位数表》查表给出,对于标准中所列数表未给出的分位数值,可用该标准提供的数据内做线性内插或抛物线内插进行计算。

6.4.2 基于储备系数的可靠性分析评价的试验设计方法

基于储备系数的可靠性分析评价的试验设计方法的试验实施流程图如图 6-8 所示。下面结合该图说明本方法的具体实施步骤:

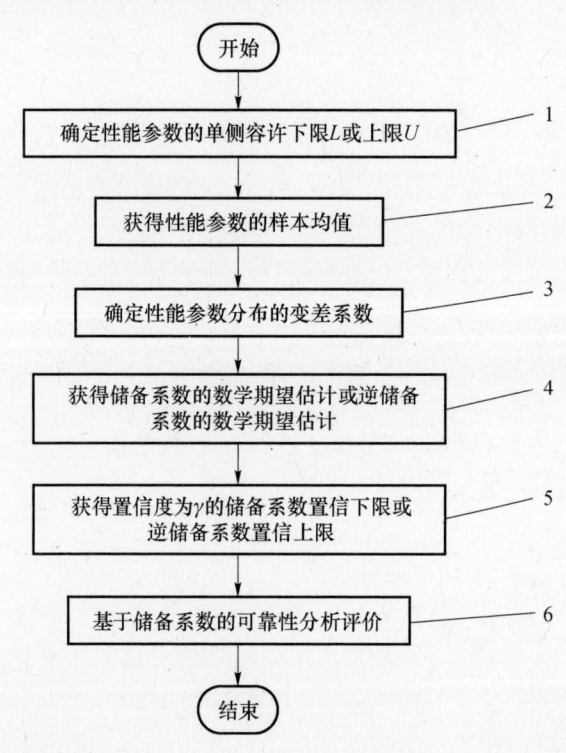

图 6-8 基于储备系数的可靠性分析评价的试验设计方法的试验实施流程图

步骤1：确定性能参数的单侧下规范限 L 或上规范限 U。

根据任务要求确定火工装置性能参数的单侧下规范限 L 或上规范限 U，该值一般由使用单位根据使用要求提出，如分离火箭的真空平均推力、总冲以及工作时间，火工分离推杆的最小分离速度等。

步骤2：获得性能参数的样本均值。

通过试验获得性能参数的 n 个样本实测值 $x_1,x_2,\cdots,x_n$，对上述实测值求得样本均值 $\hat{\mu}_x$。

步骤3：确定性能参数分布的变异系数。

通过性能参数的实测值 $x_1,x_2,\cdots,x_n$，采用 GB/T 4882-2001《数据的统计处理和解释-正态性检验》中的 Shapiro-Wilk 检验方法来验证性能参数服从正态分布，再利用 GB/T 11791-1989《正态分布变异系数置信上限》确定性能参数分布的变异系数 c_x。

步骤4：获得储备系数的数学期望估计或逆储备系数的数学期望估计。

根据步骤2确定的样本均值 $\hat{\mu}_x$ 以及步骤1确定的单侧下规范限 L 或上规范限 U，代入式(6-28)或式(6-29)分别求出储备系数的数学期望估计 $\hat{\mu}_\eta$ 或逆储备系数的数学期望估计 $\hat{\mu}_\theta$，即

$$\hat{\mu}_\eta = \hat{\mu}_x / L \qquad (6-28)$$

$$\hat{\mu}_\theta = \hat{\mu}_x / U \qquad (6-29)$$

步骤5：获得置信度为 γ 的储备系数置信下限或逆储备系数置信上限。

根据步骤4确定的储备系数的数学期望估计 $\hat{\mu}_\eta$ 或逆储备系数的数学期望估计 $\hat{\mu}_\theta$ 以及步骤3确定的性能参数分布变异系数 c_x，代入式(6-30)或式(6-31)分别求出置信度为 γ（u_γ 为对应的正态分布分位数）的储备系数置信下限 η_L 或逆储备系数置信上限 θ_U，即

$$\eta_L = \hat{\mu}_\eta \left(1 - \frac{u_\gamma \cdot c_x}{\sqrt{n}}\right) \qquad (6-30)$$

$$\theta_U = \hat{\mu}_\theta \left(1 + \frac{u_\gamma \cdot c_x}{\sqrt{n}}\right) \qquad (6-31)$$

步骤6：分析评价推力类、弹射分离类火工装置功能可靠性。

根据步骤5确定的储备系数置信下限 η 或逆储备系数置信上限 θ_U 以及步骤3确定的性能参数分布变异系数 c_x，代入式(6-32)或式(6-33)分别求出受特征量下规范限 L 限制火工装置的功能可靠性置信下限或受特征量上规范限 U 限制火工装置的功能可靠性置信下限，即

$$R_L^L = \Phi\left(\frac{\eta_L - 1}{\eta_L \cdot c_x}\right) \qquad (6-32)$$

$$R_L^U = \Phi\left(\frac{1 - \theta_U}{\theta_U \cdot c_x}\right) \qquad (6-33)$$

所述步骤 2 中,考虑到样本有效性以及试验成本和试验周期的情况下,试验次数一般可取 $6 \leqslant n \leqslant 30$。

6.5　小结

本章给出了加严试验方法和性能参数型火工装置的可靠性分析评价方法的试验设计方法,可用于在实际工程中指导不同种类火工装置的可靠性分析评价工作。

第7章 火工装置可靠性小子样分析评价方法的应用实例

为了更好地使本书所提出的可靠性小子样分析评价方法适合工程应用,在实践中检验所提出方法的有效性和可实施性,利用本书所提出的理论和试验设计方法进行了相应的实例应用。

7.1 加严试验法应用实例

7.1.1 加严试验条件下推销器设计方法

7.1.1.1 试验用推销器的结构设计

试验用推销器主要由壳体、销杆、隔板点火器和销钉等组成,结构示意图如图7-1所示。

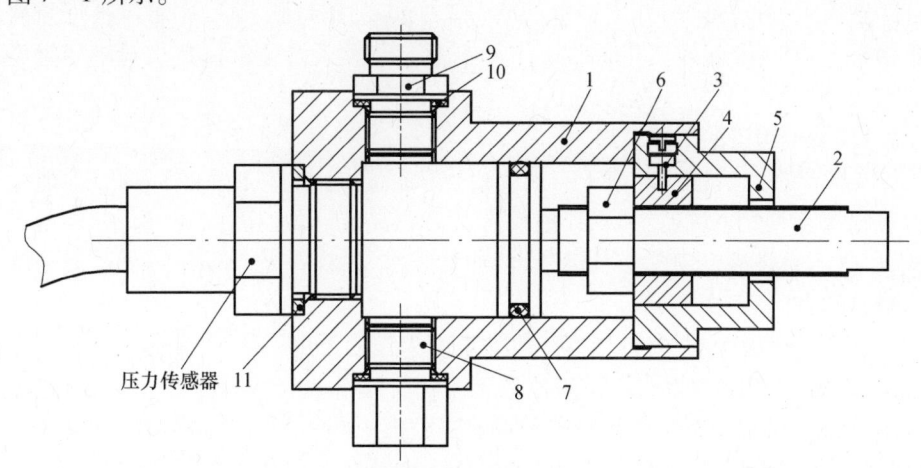

图7-1 试验用推销器的结构示意图
1—壳体;2—活塞;3—定位销;4—滑块;5—端盖;
6—锁紧螺母;7—密封圈;8—堵头;9—隔板点火器;10—平垫圈;11—平垫圈。

推销器壳体上设计两个隔板点火器安装孔,可以根据试验需要选择装配点火器的数量。隔板点火器主装药可采用 70mg(Ⅰ)、115mg(Ⅱ)、150mg(Ⅲ)、

235mg(Ⅳ)和300mg(Ⅴ)等5种状态,如图7-2所示,其中主装药为150mg的点火器作为上述推销器的设计点火器。主装药为300mg的点火器在27mL固定容腔内点火测得压力峰压值为3.92~11.76MPa(历年来不同批次的全部统计数据)。

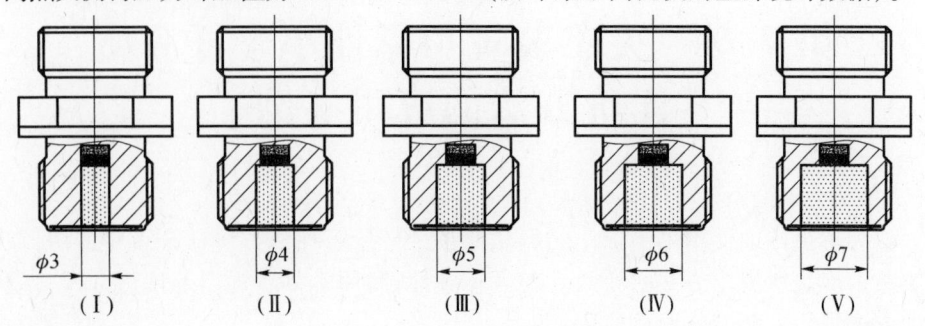

图7-2 隔板点火器装药结构简图

以上五种状态的点火器可以根据试验需要进行选择,能够满足可靠性分析评价试验的需要。

推销器的初始燃气腔体积可以通过销杆和滑块的连接螺纹进行调整,其最大燃气腔体积为12mL,最小燃气腔体积为6mL(设计初始容腔)。可调燃气腔设计能够满足试验需要。

销钉使用不锈钢进行加工,剪切部位设计直径为1.4mm。另外,在设计销钉的轴向对称位置同时开了一个直径为2.0mm的销钉孔,试验中可以根据需要选择直径为1.4mm或2.0mm的销钉。该销钉结构设计能够满足试验中变阻力的需要。

7.1.1.2 推销器的工作原理

点火器在电流能量刺激下点火隔板点火器的施主端,施主端药剂点火能量通过隔板点火受主端的主装药,主装药点火后在推销器内腔内产生高温高压燃气,燃气压力将销钉剪断推动活塞、滑块向外移动,运动约10mm后滑块撞击限位体止动,产品工作完成。

这里需要说明的是,推销器一般被划归为作动类火工装置,但如果当施加在推销器销杆上的负载较小时(如较常见的销杆端部设计成片状用于气、液路的隔断功能时),工程上一般将推销器按解锁类火工装置的特点进行设计,即只考虑设计装药对其实现解锁功能的影响,此时推销器实现功能的可靠性也就是其解锁功能的可靠性。但如果当推销器的负载较大且运动行程较长时,只针对其解锁功能进行设计分析将不再合理,这时应该从能量(点火器所能提供的能量与完成功能所需能量)的角度分析作动类火工装置的可靠性,属性能参数型可靠性分析评价方法的研究范畴,本节将试验用推销器只按第一种情况进行处理,研究其实现解锁功能的可靠性,故试验用推销器的可靠性分析评价过程可按

6.1节给出的试验设计方法及流程图进行处理。

7.1.2 可靠性加严试验分析评价的关键参数确定方法

7.1.2.1 加严参数的确定方法

加严试验的加严参数可通过强化与额定状态下点火器的药量之比进行确定（当为增大腔体初始容腔的加严试验方式时加严参数为腔体初始容腔的倒数之比）。

7.1.2.2 燃气峰值压力分布的变异系数确定方法

燃气峰值压力可通过点火器定容测压试验获得,峰压值本身具有一定的离散性。通过以往的点火器定容测压试验数据采用直方图法和GB/T 4882-2001《数据的统计处理和解释-正态性检验》中的Shapiro-Wilk检验方法来验证点火器形成燃气峰值压力服从正态分布;再利用GB/T 11791-1989《正态分布变异系数置信上限》确定燃气峰值压力分布的变异系数。

3种工况下试验用点火器燃气峰值压力分布的变异系数研究(要求每组试验数量不少于15个):

（1）额定药量(150mg)、设计初始容腔(6mL)的情况下燃气峰值压力分布的变异系数;

（2）减小药量(70mg),设计初始容腔(6mL)的情况下燃气峰值压力分布的变异系数;

（3）增大药量(300mg),设计初始容腔(6mL)的情况下燃气峰值压力分布的变异系数;

定容测压试验装置结构图如图7-3所示。试验中使用一个隔板点火器,另一个点火器安装孔使用堵头堵死,通过调容堵头调节燃气腔达到试验要求值。

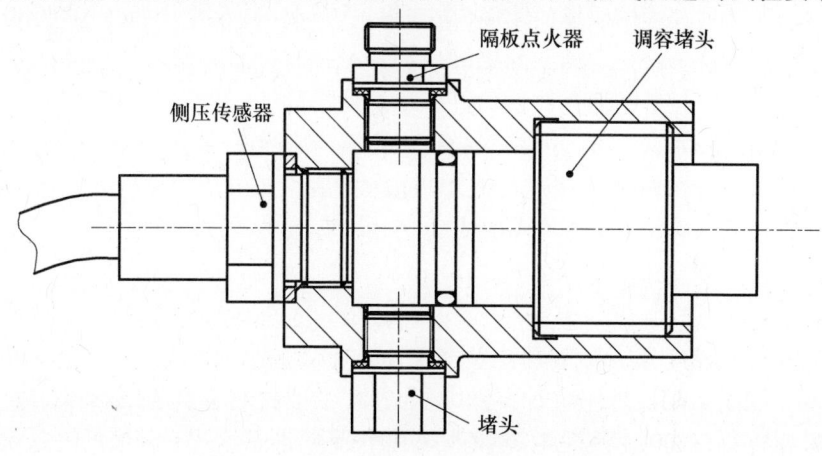

图7-3 定容测压试验装置结构示意图

每发试验后应清理火药燃烧后的残骸。试验中应避免传感器端面正对隔板点火器输出端。

7.1.2.3 机构阻力分布的变异系数确定方法

对作为机构阻力的销钉进行准静态的剪切试验,获得销钉剪切力值的试验样本数据,再利用 GB/T 11791-1989《正态分布变异系数置信上限》确定销钉剪切力分布的变异系数。试验装置示意图如图 7-4 所示。

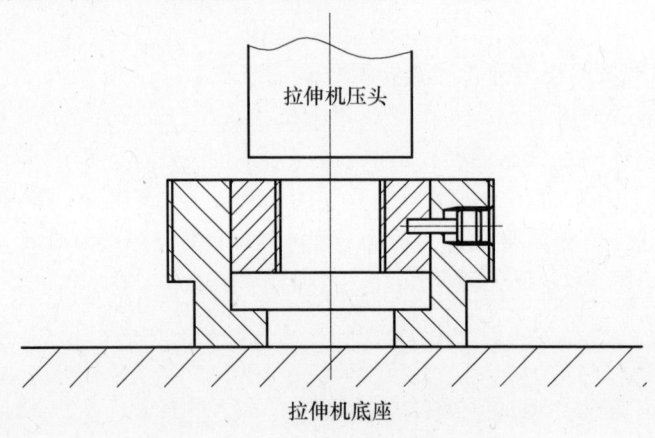

图 7-4 销钉剪切试验装置示意图

7.1.2.4 壳体极限破坏压力分布的变异系数确定方法

点火器燃爆所形成燃气压力对推销器壳体的作用属动态冲击的形式,经理论估算,如果直接对该设计推销器壳体进行爆破试验,则所形成燃气压力将高达数百兆帕,现有的燃气压力测压传感器无法对其进行测量(一般测压传感器的量程为 40MPa 或 60MPa),故动态的爆破试验无法实施;然而,材料在动载和静载下的力学特性存在着明显的不同(应变率不敏感材料除外),故也无法用准静态的液压破坏试验来代替动态的爆破试验。在现有试验条件下,只能采用霍普金森试验装置先对推销器壳体材料进行动态冲击试验,得出该材料在相应加载应变率下的变异系数(其对推销器壳体极限破坏压力分布的变异系数影响最大),进而通过母体子因素法求出壳体极限破坏压力分布的变异系数。分离式霍普金森拉杆 SHTB 系统示意图如图 7-5 所示。

7.1.3 试验数据的统计分析

7.1.3.1 产品定容测压试验历史数据统计分析

本书收集了某厂近年来 5 类点火器共 25 个批次的定容测压试验数据,采用 GB/T 4882-2001《数据的统计处理和解释-正态性检验》中的 Shapiro-Wilk 检验方法对这些试验数据进行了正态性检验,同时利用 GB/T 11791-

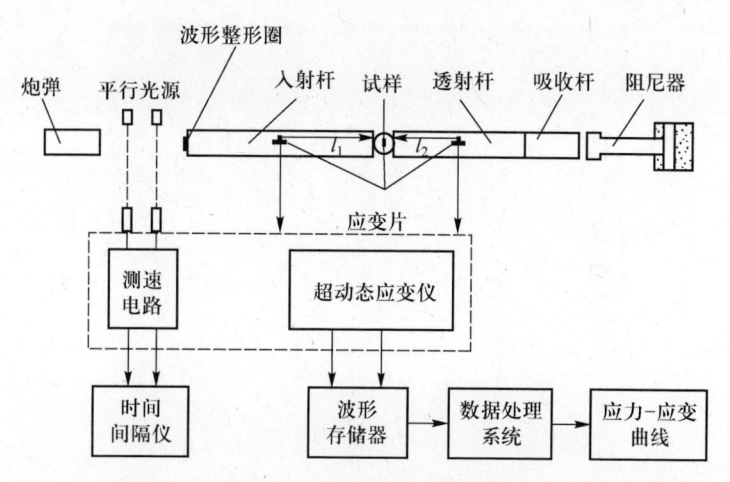

第7章 火工装置可靠性小子样分析评价方法的应用实例

图7-5 分离式霍普金森拉杆SHTB系统示意图

1989《正态分布变异系数置信上限》对燃气峰值压力分布的差系数进行了计算。计算结果表明,各批次产品的总体变异系数置信上限(置信度取为0.95)存在着较大区别。即使是同一种产品,这种区别依然很大,这说明了产品性能的随机性和波动性,也表明了对产品进行可靠性分析的重要性。同时,在分析过程中也发现了另一个规律,尽管产品批次间性能离散性存在着较大的区别,但对于绝大多数产品其变异系数值都是小于0.15的,只有一类点火器的第9批产品的变异系数超出了0.16,并且该批产品的正态分布拟合也是最不好的,这表明过高的变异系数意味着产品性能参数的正态性条件将不被满足,同时过高的变异系数也说明了该产品在过程质量控制上存在不足,这种现象在生产中应予以排除。

大量的试验数据统计结果表明,本书按正态分布对点火器的燃气峰压分布进行处理是符合实际工程情况的。这里还需说明一点,上述试验数据中包含了高、低温两种状态下的定容测压试验数据,如果只对一种温度状态进行统计分析的话,所得的总体变异系数值将会进一步减小。

7.1.3.2 试验用点火器的定容测压试验及其数据统计分析

试验中共进行了不同装药下3种状态的点火器定容测压试验。定容测压试验的测压弹采用对设计推销器的销杆进行锁闭,使其不产生冲程位移,从而达到定容测压试验装置与推销器实际结构相同的目的,避免了结构改变对定容测压试验数据的影响。定容测压试验工装图如图7-6所示。

1) 药量(150mg)、容腔(6mL)的点火器定容测压试验数据统计分析

该点火器共进行了20发的定容测压试验,获得的燃气峰值压力试验样本数据为14.29,15.64,14.84,14.44,14.44,15.08,15,16.67,16.27,14.61,15.08,15,15.48,14.13,8.19,13.26,15.08,14.61,13.26,13.73(单位:MPa)。

图 7-6 定容测压试验工装图

在上述数据中发现 8.19 远小于试验样本的平均值,此值可能是异常值,故应采用 GB 4883-85《数据的统计处理和解释-正态样本异常值的判断和处理》中所给格拉布斯(Grubbs)检验法来进行判断该数据是否需要保留。选定显著度 $\alpha = 0.05$,经计算 8.19 对应的 $G_{20} = 3.67$,而临界值 $G_{0.95}(20) = 2.56$,由于 $G_{20} > G_{0.95}(20)$,故判断该数据为异常数据,5E94 予以舍弃。

剩余试验样本数据计算获得的统计量值分别为 $n = 19, \bar{x} = 14.79, s = 0.78, W = 0.97, p = 0.69, C_{VS} = 0.06, C_{VU} = 0.08$。

这里应说明的是,异常数据 8.19 采用格拉布斯方法判断后,可认为其已不属于试验样本所在的总体,因此在进行总体变异系数分析时应予以舍弃。其原因应为在装填点火药和主装药之间的引燃药时没有进行压实处理,致使装填的引燃药减少,在发火试验时引燃药未能及时全部的点燃主装药,从而出现燃气峰值压力过小的现象。

2) 药量(70mg)、容腔(6mL)的点火器定容测压试验数据统计分析

该点火器共进行了 20 发的定容测压试验,获得的燃气峰值压力值试验样本数据为 6.2,6.04,6.04,5.8,6.84,6.36,5.48,5.72,5.48,5.4,5.08,5.56,5.4,5.72,5,5.56,5.88,5.8,6.2,6.68(单位:MPa)。

试验样本数据计算获得的统计量值分别为 $n = 20, \bar{x} = 5.81, s = 0.48, W = 0.97, p = 0.75, C_{VS} = 0.08, C_{VU} = 0.11$。

3) 药量(300mg)、容腔(6mL)的点火器定容测压试验数据统计分析

该点火器共进行了 19 发的定容测压试验,获得的燃气峰值压力值试验样本数据为 27.29,33.71,32.04,30.3,29.59,32.29,28.08,27.53,28.08,28.4,26.26,27.69,29.27,25.07,29.91,27.45,29.67,29.68,27.77(单位:MPa)。

试验样本数据计算获得的统计量值分别为 $n = 19, \bar{x} = 28.95, s = 2.13, W =$

第7章　火工装置可靠性小子样分析评价方法的应用实例

$0.96, p = 0.55, C_{VS} = 0.07, C_{VU} = 0.10$。

7.1.3.3　试验用销钉的剪切试验及其数据统计分析

对推销器用销钉(设计直径1.4mm)进行了剪切试验。试验采用电子式万能材料试验机对销钉剪切试验工装进行准静态的压缩试验,从而在销钉上施加剪切力剪断剪切销。销钉剪切试验工装图如图7-7所示;销钉剪切试验前后的对比图如图7-8所示。

图7-7　销钉剪切试验工装图

(a)　　　　　　　　　　　(b)

图7-8　销钉剪切前后对比图

(a)剪切前;(b)剪切后。

该销钉共进行了28件的剪切试验,获得的剪切力试验样本数据为983.94,1035.38,984.48,1003.04,978.9,1023.7,1068.56,957.27,991.4,1112.79,983.23,949.9,1030.7,963.81,966.15,1038.94,973.59,1045.54,977.91,950.64,1024.26,958.11,955.42,1048.94,1033.27,980.64,1035.74,972.63(单位:N)。

试验样本数据计算获得的统计量值分别为 $n = 28, \bar{x} = 1011.03, s = 41.14, W = 0.91, p = 0.03, C_{VS} = 0.04, C_{VU} = 0.05$。

7.1.3.4 壳体材料极限强度试验及其数据统计分析

为了解壳体用材料（1Cr11Ni2W2MoV 不锈钢）在准静态和动态载荷下极限强度分布变异系数的区别，本书利用该材料制成的试验件（与推销器壳体为同批次材料），分别在电子式万能试验机及分离式霍普金森拉杆 SHTB 系统上进行了准静态（$0.00017s^{-1}$）的拉伸试验及平均加载应变率为 $1013.5s^{-1}$ 下的冲击拉伸试验。

1) 壳体材料的准静态拉伸试验及其数据统计分析

试验中对直径为 6mm 的拉伸试件进行了准静态（$0.00017s^{-1}$）的拉伸试验。试验采用电子式万能材料试验机与位移引伸计给出壳体材料的工程应力应变曲线。准静态的拉伸试验装置图如图 7-9 所示；拉伸试件试验前后的对比图如图 7-10 所示。

图 7-9 准静态的拉伸试验装置图

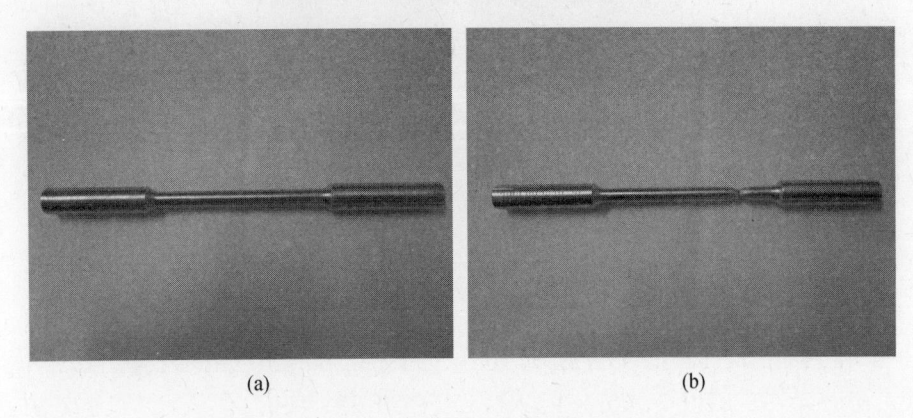

图 7-10 拉伸试件试验前后对比图
(a) 拉伸试验前；(b) 拉伸试验后。

该试件共进行了 30 件的准静态拉伸试验，获得的材料极限强度试验样本数据为 1026.48，1013.49，1065.68，1015.26，1007.95，987.77，1006.14，1007.38，

999.49，1065.01，1023.1，1053.04，1032.52，1046.77，1021.88，1046.75，1027.21，1011.09，1022.71，1011.48，1022.07，1027.58，1018.08，1012.25，1023.93，1013.66，1025.25，1009.38，1013.32，1022.32(单位：MPa)。

试验样本数据计算获得的统计量值分别为 $n=30, \bar{x}=1022.64, s=17.85$，$W=0.92, p=0.02, C_{VS}=0.02, C_{VU}=0.02$。

2）壳体材料的冲击拉伸试验及其数据统计分析

试验中对直径 3mm 的试件进行了平均加载应变率 1013.5s^{-1} 下的冲击拉伸试验。试验采用分离式霍普金森拉杆 SHTB 试验装置，通过调节驱动子弹的高压气室的驱动压力来获得相应的加载应变率。SHTB 冲击拉伸试验测试装置图如图 7-11 所示；冲击拉伸试件试验前后的对比图如图 7-12 所示。

图 7-11 SHTB 冲击拉伸试验测试装置图

(a)   (b)

图 7-12 冲击拉伸试件试验前后对比图
(a)冲击拉伸试验前；(b)冲击拉伸试验后。

该试件共进行了 33 件的冲击拉伸试验，获得的壳体材料极限强度试验样本数据为 1183.35，1217.38，1196.76，1205.31，1227.07，1233.45，1182.06，

1225.18,1231.08,1218.57,1204.95,1255.77,1243.53,1219.05,1191.65,1275.33,1306.22,1321.45,1302.15,1294.77,1269.61,1237.89,1306.49,1307.38,1247.63,1225.42,1229.75,1259.12,1202.89,1242.88,1371.64,1321.95,1274.81(单位:MPa)。

试验样本数据计算获得的统计量值分别为 $n=33, \bar{x}=1249.47, s=46.36, W=0.95, p=0.10, C_{VS}=0.04, C_{VU}=0.05$。

由上面两组试验数据的对比分析可知,在较高的应变率条件下,壳体材料动态极限强度与准静态相比提高了约为22.2%,但同时极限强度分布的变异系数也由准静态的0.022提高到了动态的0.047,故在进行火工装置结构强度可靠性分析时,应合理地考虑应变率对材料性能及其分布变异系数的影响,以期达到与实际工况更加符合的目的。

7.1.4 试验用推销器可靠性的加严试验分析评价

7.1.4.1 试验用推销器解锁功能可靠性的加严试验分析评价

根据6.1.1小节给出的解锁类火工装置功能可靠性分析评价的试验设计方法,对试验用推销器的解锁功能可靠性分析评价过程如下:

步骤1:确定加严试验方式及加严参数 k 的值。

试验用隔板点火器共有3层装药,分为点火药、过渡药和主装药。加严试验所用点火器是通过改变主装药的药量(改变隔板下部扩孔直径)来获得。试验中共设计了5种主装药药量(70mg、115mg、150mg、235mg、300mg)的点火器,其中主装药药量为150mg的点火器作为试验用推销器的设计点火器,其余的点火器可根据功能的需要选择使用。另外,主装药药量为300mg的点火器已实际应用多年,该点火器的装药类型和参数如表7-1所列。

表7-1 点火器(300mg)的装药类型和参数

装药类型	成分	质量/mg	火药力/(N·m/kg)
点火药	氮化铅	10±1	3.94e5
过渡药	斯蒂芬酸铅	20±1.2	3.71e5
主装药	铝粉、高氯酸钾	300±2	5.82e5

进行功能可靠性分析评价时是通过减小燃气压力的方式来实现加严试验的目的,具体实施可为减少主装药药量或增大腔体的初始容积,在这里本书选择减少主装药药量的加严试验方式,选用主装药药量为70mg的点火器作为试验用点火器。此时,加严参数 k 为加严试验用点火器与设计状态用点火器的药量之比,有 $k=(70+19.5)/(150+19.5)=0.53$,其中19.5是点火药和过渡药通过火药力换算成主装药的药量。

步骤2：确定燃气峰值压力分布的变异系数 c_p、c_h。

根据前面定容测压试验数据的分析结果，设计状态用点火器（主装药量为150mg）的燃气峰值压力分布的总体变异系数置信上限为0.083，加严试验用点火器（主装药量为70mg）的燃气峰值压力分布的总体变异系数置信上限为0.113。同时，考虑到该类型点火器以往的实际使用情况，这里将两种状态下的燃气峰值压力分布的变异系数均进行适当的放大，取 $c_p=0.10$，$c_h=0.12$。

步骤3：确定机构阻力分布的变异系数 c_f。

严格来讲，试验用推销器实现解锁功能时的机构阻力包括剪切销的抗剪力以及活塞和筒体之间的摩擦力。试验中曾对推销器进行了两件该摩擦力的测试，测得该值在10N左右，其相对于剪切销的抗剪力完全可以忽略，因此本书直接将剪切销的抗剪力作为试验用推销器的机构阻力。

根据前面销钉剪切试验数据的分析结果，试验用剪切销抗剪力分布的总体变异系数置信上限为0.053，将其取整，确定机构阻力分布的变异系数 $c_f=0.06$。

步骤4：根据要求用可靠性分析评价公式计算确定试验次数 n。

要求试验用推销器的解锁功能可靠性至少为0.99999（置信度为0.95）。将所要求分析评价的功能可靠度置信下限 $R_{L,N}=0.99999$ 代入式(6-1)，有

$$\eta_{L,p}=1+\Phi^{-1}(0.99999)\sqrt{\eta_{L,p}^2(0.1)^2+(0.06)^2} \qquad (7-1)$$

对 $\eta_{L,p}$ 解方程(7-1)，得到 $\eta_{L,p}=1.816$。由此加严试验状态下的储备系数下限 $\eta_{L,h}=1.816\times0.53=0.962$。将得到的结果代入式(6-2)求出加严试验次数，即

$$n=\left[\ln(1-0.95)\bigg/\ln\Phi\left\{\frac{0.962-1}{\sqrt{(0.962)^2\times(0.12)^2+(0.06)^2}}\right\}\right]=4 \qquad (7-2)$$

步骤5：对 n 个样本进行加严试验状态下的成败型试验。

抽取4件试验用推销器，装上主装药量为70mg的点火器（另一个隔板点火器处用堵头代替），依次进行发火试验并观察推销器是否全部成功解锁。

步骤6：分析评价火工装置功能可靠性。

发火试验后4件推销器全部成功解锁，并且推销到位，故可判断该推销器满足额定状态下功能可靠度置信下限0.99999（置信度为0.95）的要求。

7.1.4.2　试验用推销器结构强度可靠性的加严试验分析评价

根据6.1.2节给出的火工装置结构强度可靠性分析评价的加严试验设计方法，对试验用推销器的结构强度可靠性加严试验分析评价过程如下：

步骤1：确定加严试验方式及加严参数 k 的值。

进行结构强度可靠性分析评价时是通过火工装置锁闭（阻止活塞冲程）条件下增大燃气压力的方式来实现加严试验的目的，本书选用主装药药量为

300mg 的点火器作为加严试验用点火器。此时,有加严参数 $k = (300 + 19.5)/(150 + 19.5) = 1.88$,其中 19.5 是点火药和过渡药通过火药力换算成主装药的药量。

步骤 2:确定燃气峰值压力分布的变异系数 c_p、c_h。

根据前面定容测压试验数据的分析结果,设计状态用点火器(主装药药量为 150mg)的燃气峰值压力分布的总体变异系数置信上限为 0.083,加严试验用点火器(主装药药量为 300mg)的燃气峰值压力分布的总体变异系数置信上限为 0.103,与功能可靠性分析评价试验相同,这里仍将两种状态下的燃气峰值压力分布的变异系数进行适当放大,取 $c_p = 0.10$,$c_h = 0.11$。

步骤 3:确定壳体极限破坏压力分布的变异系数 c_{p_r}。

利用前文给出的母体子因素法计算壳体极限破坏压力分布的变异系数 c_{p_r},首先计算壳体半径 R、壁厚 t 以及材料极限强度 σ_b 的变异系数 c_R、c_t、c_{σ_b}。

材料极限强度 σ_b 的变异系数 c_{σ_b} 可利用前面的霍普金森冲击拉伸试验给出,在平均加载应变率为 1013.5s^{-1} 下的壳体材料极限强度分布的总体变异系数置信上限为 0.047,另外,考虑到本书采用多项式拟合获得试验样本数据可能带来一定误差的影响,故将材料极限强度 σ_b 的变异系数 c_{σ_b} 取为 0.06。

壳体半径 R 的变异系数 c_R,可通过壳体半径的加工精度求出[88,94]。壳体外径 $2R$ 的加工精度为 $\Phi 45 \pm 0.3$,因此可认为壳体半径的最大加工公差 $T_R = 0.6$,根据"3σ 法则",$T_R = 6\sigma_R$,因此存在

$$c_R = \sigma_R / \mu_R = T_R / 6\mu_R = 0.6/(6 \times 22.5) = 0.004 \quad (7-3)$$

由于壁厚 t 的加工精度是通过壳体内外径的加工精度共同保证的,故壁厚 t 的变异系数 c_t 可通过壳体内外径的加工精度求出。壳体外径 $2R$ 的加工精度为 $\Phi 45 \pm 0.3$,内径 $2r$ 的加工精度为 $\Phi 26 + 0.052$,则壁厚 t 的标准差 $\sigma_t = \sqrt{(0.052)^2 + (0.3)^2}$,且有 $\mu_t = (\mu_R - \mu_r)/2$,因此存在

$$c_t = \sigma_t / \mu_t = 2\sqrt{(0.052)^2 + (0.3)^2}/3(45 - 26) = 0.011 \quad (7-4)$$

故由母体子因素法可得

$$c_{p_r} = \left[\frac{(0.004)^2 + (0.06)^2 + (0.011)^2 + (0.06)^2 \times (0.011)^2}{1 + (0.004)^2}\right]^{\frac{1}{2}} = 0.061 \quad (7-5)$$

同时为了消除工程近似处理以及壳体表面缺陷等因素所引起的误差,将壳体极限破坏压力变异系数 c_{p_r} 进行放大,保守取为 0.1。

步骤 4:根据要求用结构强度可靠性分析评价公式计算确定加严试验次数 n。

要求试验用推销器的结构强度可靠性至少为0.99999(置信度为0.95)。将所要求分析评价的结构强度可靠度置信下限 $R_{L,N}=0.99999$ 代入式(6-5),有

$$\eta_{L,p}=1+\Phi^{-1}(0.99999)\sqrt{\eta_{L,p}^2(0.1)^2+(0.1)^2} \quad (7-6)$$

对 $\eta_{L,p}$ 解方程式(7-6),得到 $\eta_{L,p}=1.926$。由此加严试验状态下的储备系数下限 $\eta_{L,h}=1.926/1.88=1.03$。将得到的结果代入式(6-6)求出加严试验次数为

$$n=\left[\ln(1-0.95)\Big/\ln\Phi\left\{\frac{1.03-1}{\sqrt{(1.03)^2\times(0.1)^2+(0.11)^2}}\right\}\right]=6 \quad (7-7)$$

步骤5:对 n 个样本进行锁闭条件下的加严试验。

抽取6件试验用推销器,进行锁闭后装上主装药量为300mg的点火器(另一个隔板点火器处用堵头代替),依次进行发火试验并观察推销器是否发生变形或破裂。

步骤6:分析评价火工装置结构强度可靠性。

发火试验后6件推销器的壳体均未出现变形或者破裂的现象,故可判断该推销器满足额定状态下结构强度可靠度置信下限0.99999(置信度为0.95)的要求。

从以上试验结果可以看出,利用本书中所提出的方法,分别用4发和6发加严试验状态下的发火试验即可分析评价该推销器0.99999(置信度为0.95)要求的功能及结构强度可靠性,如果该可靠性要求用式(2-20)即传统的成败型方法来分析评价,则有

$$n=\left[\lg(1-0.95)/\lg(0.99999)\right]=299958 \quad (7-8)$$

可见该推销器根本无法采用传统的成败型方法来完成可靠性的分析评价工作,即使采用Bayes方法按可节省35%的样本量计算[60],同样需要 $n=299958\times(1-35\%)=194972$,数量依然庞大。可见对于高价值、高可靠性要求的航天火工装置来说,单纯地依赖数理统计方法的改变根本无法实现对其可靠性进行分析评价的需要,并且GJB 376-87中的计量法对其同样也不适用。因此,该推销器只能采用本书所提出的加严试验方法进行可靠性分析评价,而且功能和结构强度可靠性分析评价的试验次数加在一起只需10发,与二项分布成败型的299958发或Bayes方法的194972发对比相差4个量级,足见本书所提出方法的优越性。

7.2 性能参数型可靠性分析评价方法应用实例

7.2.1 基于非中心 t 分布的可靠性分析评价方法应用实例

7.2.1.1 拔销器工作原理及其能量测量

关于性能参数,以前的大部分研究工作都是假设实现火工装置功能的约束

仅仅是销钉的瞬间阻力。事实上，许多航天火工装置在实现其功能之时，是需要一个做功的过程，其功能可靠性的实质是彻底完成这个做功过程的可靠性，如果采用能量作为可靠性分析评价的性能参数无疑更加准确和直接。同时，GJB 1307A-2004《航天火工装置通用规范》在修订中引入了能量的概念，认为用能量比用装药量更能反映火工作动装置的实质，可见用能量作为关键性能参数来评估火工装置的可靠性会更加的准确和直接。

本节以拔销器为研究对象，对拔销器工作中的所需能量（完成所需功能的最小能量）与传递能量（点火器输出做功的能量）进行测量，并采用5.2.1节中的分析评价方法完成拔销器的可靠性分析评价。

1）拔销器简介

拔销器的结构示意图如图7-13所示，主要由活塞杆、腔体、剪切销钉、点火器以及端盖组成。活塞和端盖的材料为1Cr11Ni2W2MoV不锈钢，壳体采用2A12-T4铝，拔销器中活塞最大回缩距离为99.8mm。拔销器的实物如图7-14所示，试验中将图7-13中序4的点火器安装孔用堵头堵死，序5处安装300mg的YH0706型隔板点火器，能量吸收杯与活塞之间通过螺母进行固定，并在发火试验开始之前安装剪切销钉及端盖。当隔板点火器工作后，产生的高温、高压气体推动活塞杆剪段剪切销钉，并克服活塞杆与腔体界面之间的摩擦力向内回缩，完成规定功能。

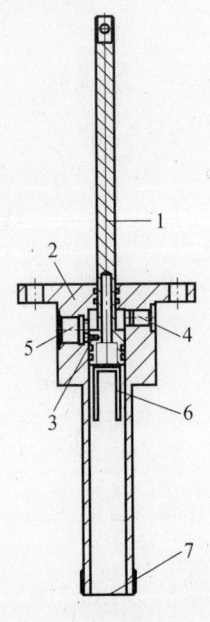

图7-13 拔销器结构示意图
1—活塞杆；2—腔体；3—剪切销钉；
4&5—点火器安装孔；6—能量吸收杯；7—端盖。

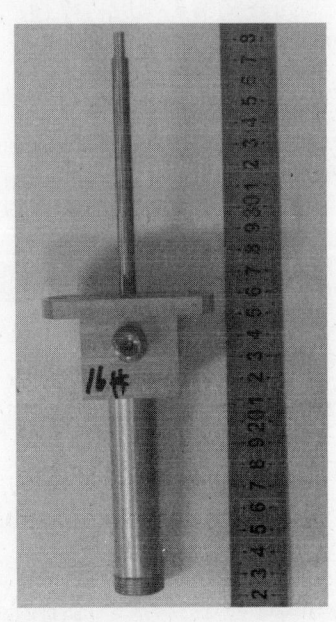

图7-14 拔销器实物图

2）能量测量装置

拔销器的能量测量分为两部分。所需能量测量采用落锤冲击试验机完成，试验方法为通过调整高度使得落锤剪段拔销器剪切销钉，并使得活塞杆刚好回缩到位。最终测得拔销器所需能量为12.40J。

传递能量采用能量测量装置进行测量。能量测量装置结构示意图如图7-15所示，主要由基座、肋板、端盖、气缸、分隔板、压板、压紧调节杆以及拔销器等组成。在分隔板和压板以及分隔板与左端盖之间均可安装铝蜂窝，用于确保在大装药下铝蜂窝的能量吸收能力。压紧调节杆可以对压板进行水平方向的微调，保证压板与铝蜂窝紧贴；分隔板、气缸以及左端盖上均设计了排气孔，用于保证试验中铝蜂窝内的压缩气体得到及时排除。能量测量原理为当拔销器点火后，产生的高温高压气体推动活塞向左运动，使得压板与铝蜂窝发生挤压，导致铝蜂窝产生变形，通过铝蜂窝的变形量和坍塌力乘积来计算拔销器的传递能量。

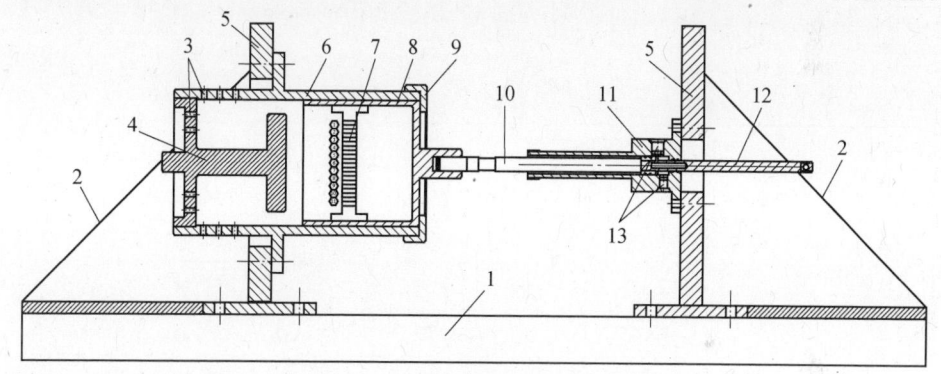

图7-15 能量测量装置结构示意图

1—基座；2—肋板；3—排气孔；4—左端盖；5—支架；6—气缸；7—分隔板；
8—压板；9—右端盖；10—压紧调节杆；11—拔销器壳体；12—拔销器销杆；13—装药安装孔。

能量测量装置的实物如图7-16所示。

图7-16 能量测量装置实物

铝蜂窝试验前后对比如图7-17所示。

图7-17 铝蜂窝压缩前后对比

3) 能量测量数据

在能量测量装置中共进行了11发试验,试验测得的铝蜂窝压缩长度如表7-2所列。

表7-2 能量测量装置中铝蜂窝压缩长度

编号	压缩长度/mm	编号	压缩长度/mm
1	34.48	7	39.85
2	36.62	8	34.98
3	39.86	9	37.14
4	38.78	10	39.65
5	31.17	11	27.89
6	39.65		

7.2.1.2 拔销器的可靠性分析评价

根据6.4.1.1、6.4.1.2小节中的可靠性分析评价流程对试验用拔销器进行可靠性分析评价。具体步骤如下：

步骤1:确定产品的规范限。

根据拔销器的工作特点,选取能量作为可靠性分析评价的性能参数。对7.2.1.1小节中的拔销器,该产品性能参数的下规范限为拔销器的所需能量12.40J。另一个性能参数所需能量已通过试验进行测量。

步骤2:确定样本的均值和标准差。

从表7-2中发现11号试验压缩27.89mm,与表中其他试验值偏差较大,此值可能是异常值,采用GB/T 4883-85《数据的统计处理和解释-正态样本异常值的判断和处理》中所给格拉布斯(Grubbs)检验法来进行判断,选定显著度 $\alpha = 0.05$,经计算27.89对应的 $G_{11} = 2.14$,而临界值 $G_{0.95}(11) = 2.23$,由于 $G_{11} <$

$G_{0.95}(11)$，故判断此值不是异常值，不应舍弃。

此外，还需对采集到的数据进行正态性检验，本书采用 GB/T 4882 – 2001《数据的统计处理和解释 – 正态性检验》中的 Shapiro – Wilk 检验方法来对试验结果进行正态性检验。由表 7 – 2 中采用能量测量装置测量传递能量时铝蜂窝的试验压缩数据，可求出 W 检验统计量的值为 0.854，大于 $p = \alpha = 0.05$ 时的 p 分位数为 0.85，故承认样本来自正态分布总体。

铝蜂窝坍塌力为 3448.2N，同时，结合表 72 中铝蜂窝压缩长度数据，两者相乘可得传递能量的统计数据如表 7 – 3 所列。

表 7 – 3 用能量测量装置测得的传递能量统计数据

样本量	传递能量均值/J	传递能量标准差/J
11	125.41	13.65

传递能量均值为 125.41J，传递能量标准差为 13.65J。

步骤 3：计算系数 K。

根据步骤 1 和步骤 2 计算系数 K，当已知产品的下规范限 12.40J 时，系数 K_L 为

$$K_L = (125.41 - 12.40)/13.65 = 8.28 \tag{7-9}$$

步骤 4：计算可靠度 R。

表 7 – 2 中试验测量次数为 11 次，同时，结合步骤 3 中给出的系数 K_L，计算此拔销器的可靠度为

$$R_L = t_{10}\left(\sqrt{\frac{11}{12}} \times 8.28\right) = 0.999993 \tag{7-10}$$

步骤 5：计算置信度 γ。

将步骤 4 中计算出的可靠度看做拔销器的可靠度置信下限，其对应的置信度为 0.98。

7.2.2 基于储备系数的可靠性分析评价方法应用实例

7.2.2.1 反推火箭的可靠性分析评价

某高轨运载火箭上的反推火箭，依靠火工品点火后的反推力实现二三级的在轨分离。要求该反推火箭的真空平均推力 $F \geq 13.2\text{kN}(20\text{℃})$、真空总冲量 $I \geq 8.28\text{kN}\cdot\text{s}(20\text{℃})$，可靠性 $R = 0.999$，按置信度 $\gamma = 0.95$ 进行评估。

由于每次批验收试验中仅进行 3 发 20℃ 的常温发火试验，试验子样不足，故本次可靠性分析评价工作选取了 6 个批次共 18 发子样进行分析评价，具体数据如表 7 – 4 所列。

表 7-4 某型号反推火箭批验收性能数据表

批次/批	1301	1201	1102	1001	0801	061
平均推力/kN	14.67 14.75 14.64	14.80 14.64 14.61	15.63 15.39 15.53	16.16 16.12 16.17	14.72 15.34 14.56	15.02 14.67 14.66
总冲量/kN·s	9.79 9.74 9.77	9.85 9.93 9.85	10.46 10.45 10.13	10.13 10.15 10.15	9.88 10.67 9.49	9.97 9.95 9.92

根据对以往试验数据的统计分析,确定平均推力和总冲量均服从正态分布。根据上述数据,求得平均推力的样本均值 $\bar{F}=15.12\text{kN}$ 和样本标准差 $s_F=0.58\text{kN}$;求得总冲量的样本均值 $\bar{I}=10.02\text{kN}\cdot\text{s}$ 和样本标准差 $s_I=0.29\text{kN}\cdot\text{s}$。现分别从平均推力和总冲量两个维度说明该型反推火箭的可靠性。

1) 平均推力可靠性 R_1 的评估

根据前文性能参数型可靠性分析评价方法,在这里可把点火后反推火箭的平均推力 F 作为其性能参数 x,该反推火箭所要求的最小平均推力 $F_{\min}=13.2\text{kN}$ 即为特征量下规范限 L,因此该反推火箭的平均推力可靠性为

$$R = P\{F \geqslant F_{\min}\} \tag{7-11}$$

根据 GB/T 11791-89《正态分布变异系数置信上限》,求得反推火箭平均推力 F 的变异系数 c_F 为 0.06。

由式(5-25)可知,置信度为 0.95 的储备系数下限 η_L 为

$$\eta_L = 1.15 \times \left\{1 - \frac{1.65}{\sqrt{18}} \times 0.06\right\} = 1.13 \tag{7-12}$$

将 η_L 的值代入式(5-24),可得

$$R_{L1} = \Phi(1.92) = 0.973 \tag{7-13}$$

即反推火箭的平均推力可靠度置信下限为 $0.973(\gamma=0.95)$,不满足设计可靠性指标要求。经分析,出现该问题的原因是反推火箭不同批次间平均推力存在一定的差异性,放大了平均推力的变异系数,导致可靠性分析评价结果偏低,后续有条件的情况下应开展同一批次反推火箭平均推力的可靠性分析评价工作。

2) 总冲量可靠性 R_2 的评估

在这里可把点火后反推火箭的总冲量 I 作为其性能参数 x,该反推火箭所要求的最小总冲量 $I_{\min}=8.28\text{kN}\cdot\text{s}$ 即为特征量下规范限 L,因此该反推火箭的总冲量可靠性为

$$R = P\{I \geqslant I_{\min}\} \tag{7-14}$$

根据 GB/T 11791-89《正态分布变异系数置信上限》,求得反推火箭总冲量 $\sqrt{T}(\overline{W} - \mu_w)/\sigma_w$ 的变异系数 c_I 为 0.04。

由式(5-25)可知,置信度为 0.95 的储备系数下限 η_L 为

$$\eta_L = 1.21 \times \left\{1 - \frac{1.65}{\sqrt{18}} \times 0.04\right\} = 1.19 \tag{7-15}$$

将 η_L 的值代入式(5-24),可得

$$R_{L2} = \Phi(3.99) = 0.99997 \tag{7-16}$$

即反推火箭的总冲量可靠度置信下限为 $0.99997(\gamma = 0.95)$,满足设计可靠性指标要求。该情况说明即使是不同批次的反推火箭,其总冲量仍具有一定的稳定性。

7.2.2.2 火工分离推杆的可靠性分析评价

某航天器上的火工分离推杆,依靠火工品点火后产生的燃气压力推动推杆(活塞)运动,从而实现两舱段的在轨分离。要求该火工分离推杆的分离速度 $\nu \geqslant 0.8 \text{m/s}$,可靠性 $R = 0.9999$,按置信度 $\gamma = 0.9$ 进行评估[100]。

试验中对 30 个火工分离推杆共进行了 30 次带负载的点火试验,实测了 30 个分离速度。根据对以往试验数据的统计分析,确定分离速度服从正态分布。根据这 30 个分离速度的实测值求得样本均值 $\overline{\nu} = 1.26\text{m/s}$ 和样本标准差 $s_\nu = 0.08\text{m/s}$。

在这里可把点火后火工分离推杆的分离速度作为其性能参数 x,该火工分离推杆所要求的最小分离速度 $\nu_{\min} = 0.8 \text{m/s}$ 即为特征量下规范限 L,因此该火工分离推杆的功能可靠性为

$$R = P\{x \geqslant L\} \tag{7-17}$$

根据 GB/T 11791-89《正态分布变异系数置信上限》,求得火工分离推杆分离速度 x_a 的变异系数 c_{x_a} 为 0.07。

由式(5-25)可知,置信度为 0.9 的储备系数下限 η_L 为

$$\eta_L = \frac{1.26}{0.8}\left\{1 - \frac{1.29}{\sqrt{30}} \times 0.07\right\} = 1.54 \tag{7-18}$$

将 η_L 的值代入式(5-24),可得

$$R_L = \Phi(4.75) = 0.9999990 \tag{7-19}$$

火工分离推杆的功能可靠度置信下限为 $0.9999992(\gamma = 0.9)$,满足设计可靠性指标要求。与文献[100]中用 GB 4883-85《数据的统计处理和解释-正态样本异常值的判断和处理》评估的可靠性结果 $0.9999992(\gamma = 0.9)$ 进行对比,可

验证本书所提出方法的正确性和有效的。

7.2.2.3 航天员座椅缓冲机构的可靠性分析评价

航天员座椅缓冲机构的可靠性 R 由提升可靠性 R_1 和缓冲可靠性 R_2 两部分组成,两者属串联关系,即 $R = R_1 \times R_2$。提升可靠性 R_1 可用"在规定的负载条件和常温常压环境下,气源供给的工作压力 p_w 大于临界提升压力 p_{cr} 的概率"来表征,即 $R_1 = P(p_w > p_{cr})$;缓冲可靠性 R_2 可用"在规定的负载条件和常温常压环境下,在规定的输入冲击加速度作用下,座椅缓冲机构规定测点处输出的加速度峰值 a 小于规定值 a_U 的概率"来表征,即 $R_2 = P(a < a_U)$。某座椅缓冲机构的可靠性指标 $R = 0.99987$,经过指标分配后,要求提升可靠性 $R_1 = 0.99991$,缓冲可靠性 $R_2 = 0.99996$,按置信度 $\gamma = 0.7$ 进行评估[101]。

1) 提升可靠性 R_1 的评估

提升可靠性试验是将高压气瓶及阀门管路与座椅缓冲机构的密封腔体相连,把高压气瓶的阀门缓慢打开,逐渐加大提升压力,观测提升的临界压力—能够使负载提升接近到位,上位锁间于可锁定和不能锁定时对应的供气压力。高压气瓶所能提供的最大提升压力(单侧容许上限)$p_w = 4.8 \text{MPa}$,试验中共进行了 36 次临界压力 p_{cr} 的测试试验(试验件数 $N = 12$,每件提升 3 次),根据对以往试验数据的统计分析,确定临界压力服从正态分布。根据这 36 个临界压力的实测值求得样本均值 $\overline{p}_{cr} = 2.7 \text{MPa}$ 和样本标准差 $S_p = 0.5 \text{MPa}$。

根据 GB/T 11791-89《正态分布变异系数置信上限》,求得座椅缓冲机构提升的临界压力 p_{cr} 的变异系数 $c_{p_{cr}}$ 为 0.20。

由式(5-35)可知,置信度为 0.7 的储备系数倒数 θ 的置信上限 θ_U 为

$$\theta_U = \frac{2.7}{4.8}\left\{1 + \frac{0.52}{\sqrt{36}} \times 0.20\right\} = 0.57 \qquad (7-20)$$

将 θ_U 的值代入式(5-34),可得

$$R_L = \Phi(3.82) = 0.999932 \qquad (7-21)$$

即提升可靠度置信下限为 $0.999932(\gamma = 0.7)$,满足设计可靠性指标要求。

2) 缓冲可靠性 R_2 的评估

缓冲可靠性试验是将装有座椅缓冲机构及加速度传感器的试验工装通过冲击塔上的起吊装置提高到规定的高度(这一高度由规定的输入冲击加速度来决定,而输入冲击加速度由载人飞船系统给出)后释放,让试验工装作自由落体运动。当试验工装与规定的地面发生冲击时,通过加速度传感器和测试仪器获得输入冲击加速度和输出加速度随时间变化的曲线。从而测得输入和输出的加速度峰值。座椅缓冲机构冲击试验中要求等效质量块(座椅(含束缚装置) + 赋形垫 + 假人)上的最大输出加速度峰值(单侧上规范限)a_U 不得大于 $28g_n$ (g_n 为重

力加速度),试验中对 30 个座椅缓冲机构共进行了 30 次带专用等效质量块的冲击试验,实测了 30 个输出加速度峰值。根据对以往试验数据的统计分析,确定输出加速度峰值服从正态分布。根据这 30 个输出加速度峰值的实测值求得样本均值 $\bar{a}=23.11g_n$ 和样本标准差 $S_a=0.95g_n$。

根据 GB/T 11791-89《正态分布变异系数置信上限》,求得座椅缓冲机构输出加速度峰值 a 的变异系数 c_a 为 0.045。

由式(5-35)可知,置信度为 0.7 的储备系数倒数 θ 的置信上限 θ_U 为

$$\theta_U = \frac{23.11}{28}\left(1 + \frac{0.52}{\sqrt{30}} \times 0.045\right) = 0.83 \qquad (7-22)$$

将 θ_U 的值代入式(5-34),可得

$$R_L = \Phi(4.64) = 0.9999982 \qquad (7-23)$$

即缓冲可靠度置信下限为 $0.9999982(\gamma=0.7)$,满足设计可靠性指标要求。

通过上面的分析,可知座椅缓冲机构的可靠性 $R=0.999932 \times 0.9999982 = 0.9999302$,满足可靠性指标 0.99987 的要求。

与文献[101]中用 GB 4883-85《数据的统计处理和解释-正态样本异常值的判断和处理》评估的可靠性结果(提升可靠性 0.999949、缓冲可靠性 0.9999986、座椅缓冲机构可靠性 0.9999476)进行对比,可知本书所提出 s 的方法是完全合理和有效的。

7.3 小结

本章以推销器、拔销器、反推火箭、火工分离推杆以及航天员座椅缓冲机构为例,采用第 6 章提出的试验设计方法,对不同种类的火工装置进行了实例分析评价。同时,也检验了本书所给方法在实际工程中的有效性和实施性。

附录 A

表 A-1 解锁类火工装置可靠性小子样分析评价所需试验次数对照表

k	n						
	$R=0.99999$	$R=0.9999$	$R=0.9998$	$R=0.9996$	$R=0.9992$	$R=0.999$	$R=0.99$
0.50	8	3	2	2	2	2	1
0.55	20	6	4	3	3	2	1
0.60	57	13	9	6	5	4	2
0.65	175	32	20	13	9	8	3
0.70	552	83	49	30	19	17	5
0.80	5294	620	337	186	105	88	16
额定	299958	29957	14979	7393	3732	2996	298
1.25	2042	336	201	122	76	65	15
1.40	258	59	40	27	19	17	6
1.50	88	25	18	13	10	9	4
1.65	26	10	7	6	5	4	2
1.80	11	5	4	3	3	3	2
2.00	5	3	2	2	2	2	1

注：取 $c_f=0.06, c_{p_r}=0.10, c_p=c_h=0.12, \gamma=0.95$ 的计算结果

表 A-2 冗余设计火工装置可靠性小子样分析评价所需试验次数对照表

k	n						
	$R=0.99999$	$R=0.9999$	$R=0.9998$	$R=0.9996$	$R=0.9992$	$R=0.999$	$R=0.99$
0.50	2	1	1	1	1	1	1
0.55	2	1	1	1	1	1	1
0.60	4	2	2	2	2	2	1
0.65	11	5	4	3	3	2	1
0.70	33	11	8	6	5	4	2
0.80	503	99	63	41	27	23	7
额定	299958	29957	14979	7393	3732	2996	298
1.25	1693	268	159	96	59	51	12
1.40	192	43	29	19	13	12	4
1.50	62	17	12	9	7	6	3
1.65	17	6	5	4	3	3	2
1.80	7	3	3	2	2	2	1
2.00	3	2	2	1	1	1	1

注：取 $c_f=0.06, c_{p_r}=0.10, c_p=c_h=0.12, \gamma=0.95$ 的计算结果

附 录 B

表 B-1 索类、切割类火工装置可靠性小子样分析评价所需试验次数对照表

k	n						
	$R=0.99999$	$R=0.9999$	$R=0.9998$	$R=0.9996$	$R=0.9992$	$R=0.999$	$R=0.99$
0.50	6	2	2	2	1	1	1
0.55	16	5	3	3	2	2	1
0.60	49	10	7	5	4	3	1
0.65	156	27	17	11	7	6	2
0.70	511	72	43	26	16	14	4
0.80	5150	580	311	170	95	79	14
额定	299958	29957	14979	7393	3732	2996	298

注：取 $c=0.12, \gamma=0.95$ 的计算结果

参 考 文 献

[1] 高滨.火工分离装置的性能研究[D].长沙:国防科学技术大学,2005.
[2] 荣吉利,张涛,白美.火工机构可靠性俄罗斯试验评定方法原理研究[R].北京:北京理工大学,2008.
[3] Beurtey X. Reliability prediction on ariane 5 pyrotechnical devices using the hardened test method[C]. 3rd Probilistic Safety Assessment and Management. Crete, Greece, 1996:1688 – 1695.
[4] Bement L, Multhaup H. Determining Functional Reliability of Pyrotechnic Mechanical Devices[M]. NASA Langley Technical Report Server, 1997.
[5] Bement L, Schimmel M. A manual for pyrotechnic design, development and qualification[R]. Nasa Sti/recon Technical Report N, 1995.
[6] 张慧芳.空间机械臂锁紧装置设计与分析[D].哈尔滨:哈尔滨工业大学,2006.
[7] 王希季.航天器进入与返回技术(下册)[M].北京:中国宇航出版社,1991.
[8] 中国航天标准化研究所.航天火工装置通用规范:GJB 1307A – 2004[S].北京:国防科工委军标出版发行部,2004.
[9] 杨谋祥,郝芳.航天火工装置[J].航天返回与遥感,1999(4):37 – 40.
[10] 马景.航天火工装置可靠性设计、试验、评估实用方法与程序[J].航天返回与遥感,2006,27(2):59 – 63.
[11] Falbo M, Robinson R. Apollo experience report: Spacecraft pyrotechnic systems[R]. Washington: NASA Manned Spacecraft Center, 1973.
[12] Lake E, Thompson S, Drexelius V. A study of the role of pyrotechnic systems on the space shuttle program[R]. NASA Langley Research Center, 1973.
[13] Department of Defense of USA. Initiators, electric, general design specification for: MIL – I – 23659C[S]. Washington: Department of Defense, 1972.
[14] Department of Defense of USA. Electroexplosive Subsystem Safety Requirements and Test Method for Space Systems: MIL – STD – 1576[S]. Washington: Department of Defense, 1984.
[15] Department of Defense of USA. Explosive systems and devices used on space vehicles: MIL – HDBK – 83578[S]. Washington: Department of Defense, 1999.
[16] Schulze N. NASA pyrotechnically actuated system program[R]. Washington: NASA Langley Research Center, 1993.
[17] Bement L. Pyrotechnic system failures: Causes and prevention[R]. Washington: NASA Langley Research Center, 1988.
[18] 王凯民,王文珧,张玲香.90年代美国火工品技术发展规划及研究进展[J].火工品,2000(4):37 – 42.
[19] Gonthier K, Powers J. Formulations, predictions, and sensitivity analysis of a pyrotechnically actuated pin puller model[J]. Journal of Propulsion & Power, 1994, 10(4):501 – 507.
[20] Gonthier K, Kane T, Powers J. Modeling pyrotechnic shock in a NASA initiator driven pin puller[C]. 30th Joint Propulsion Conference and Exhibit. Indianapolis, USA, 1994.
[21] Kuo Junghua, Goldstein Selma. Dynamic analysis of NASA Standard Initiator driven pin puller[C]. 29th Joint Propulsion Conference and Exhibit. Monterey, USA, 1993.
[22] Goldstein S, Lu Y M, Wong T E. Importance of enhanced test data for computer modeling of exposively ac-

tuated devices[C]. 31st Joint Propulsion Conference and Exhibit. San Diego, USA, 1995.
[23] TC Energetic Components and Systems. Past Energetic Components and Systems Conferences[EB/OL]. (2011-04-13)[2017-09-28]. http://www.aiaa.org/tc/ecs/pastconferences/index.html.
[24] IPS IPSUSA. Past Proceedings of the ISSAT International Conference on Reliability and Quality in Design [EB/OL]. (2011-04-13)[2017-09-28]. http://www.ipsusa.org/index2.htm.
[25] 中国兵器工业部标准化研究所. 航天飞行器系统电爆分系统的安全要求和试验方法:GJB 2034-1994[S]. 北京:国防科工委军标出版发行部,1994.
[26] 中国航天工业总公司. 航天火工装置安全技术要求:QJ 3198-2004[S]. 北京:国防科工委军标出版发行部,2004.
[27] 张文峰. 光电测速法在火工装置测试中的应用[J]. 航天返回与遥感,1998(3):58-63.
[28] 杨谋祥,郝芳. 强连接解锁器的研制[J]. 航天返回与遥感,1998(2):62-65.
[29] 李志强. 弹射筒的原理和设计[J]. 航天返回与遥感,1999(3):58-62.
[30] 高滨. 形状记忆合金在航天器分离机构上的应用[J]. 航天返回与遥感,2005,26(1):48-52.
[31] 张文峰,张鹏. 航天火工装置推力测量的干扰分析[J]. 航天返回与遥感,2006,27(2):55-58.
[32] 高滨. 航天火工装置设计和研制的思路[J]. 航天返回与遥感,1998(1):52-58.
[33] 高滨. 航天火工技术的现状和发展[J]. 航天返回与遥感,1999(2):63-67.
[34] 高滨,李忠刚,马景. 分离螺母的关键设计参数分析[J]. 航天返回与遥感,2001,22(2):63-65.
[35] 祁玉峰,马锐明,刘志全,等. 一种多功能火工装置的设计与试验[C]//中国宇航学会飞行器总体专业委员会2004年学术研讨会. 三亚,2005.
[36] 焦绍球,刘冀湘. 宇航用活塞式连接分离火工装置的理论研究与工程计算[J]. 推进技术,1996,17(4):57-60.
[37] 高滨. 火工作动装置设计参数的敏感性分析[J]. 航天返回与遥感,2006,27(3):57-60.
[38] 吴艳红,王晓晖,马斌捷,等. 爆炸螺栓盒的爆炸模拟与冲击强度计算[J]. 强度与环境,2007,34(6):10-15.
[39] 卢红立,张晓晖. 数值仿真在火工分离中的应用[C]//中国宇航学会首届学术年会. 北海,2005.
[40] 武新峰,刘观日,雷勇军,等. 基于LS-DYNA的包带式星箭连接装置分离过程和冲击响应分析[J]. 振动与冲击,2013,32(24):174-179.
[41] 宋保永,卢红立,阳志光,等. 分离结构在冲击载荷作用下的破坏机理研究[J]. 兵工学报,2009,30(S2):102-106.
[42] 徐振相,秦士嘉. 火工品可靠性技术基础与管理[M]. 兵器工业出版社,1996.
[43] Stresau R. Electrical and thermal considerations in the design of electroexplosive devices[R]. Albuquerque:Sandia National Lab, 1967.
[44] Voreck W, Mocahill J. Scanning gamma ray densitometer system for detonators[R]. Picatinny Arsenal Dover, 1971.
[45] Dansby H, Freenan W. Numerical thermal analysis of electro explosive devices[R]. Cameron Station Alexandria:Virginia, 1974.
[46] F Martz H, Waller R. Bayes reliability analysis[M]. New York:Wiley, 1982.
[47] Duran B, Booker J. A Bayes sensitivity analysis when using the beta distribution as a prior[J]. Reliability IEEE Transactions on, 1988,37(2):239-247.
[48] Smith A. A Bayesian Note on Reliability Growth During a Development Testing Program[J]. IEEE Transactions on Reliability, 2009, 26(5):346-347.
[49] Martz H, Waller R. Basics of Bayesian reliability estimation from attribute test data[J]. 1975,7(19):.
[50] Matthijs W. Reliability evaluation of bridgewire fuse heads using Monte Carlo Modelling[M]. New York:

Wiley, 1990:1 – 16.
[51] Tarrien C. Evaluation of a pyrotechnic actuator concept by means of the Probit statistical method[R]. European Space Agency, 1981.
[52] Bement L, Schimmel M. Determination of pyrotechnic functional margin[R]. NASA Langley Technical Report Server, 1992.
[53] Bement L, Schimmel M. Integration of pyrotechnics into aerospace systems[R]. NASA Langley Technical Report Server, 1993.
[54] Bement L. Functional Performance of Pyrovalves[R]. NASA Langley Technical Report Server, 1996.
[55] 中国兵器工业部标准化研究所. 火工品可靠性评估方法: GJB 376 – 87[S]. 北京: 国防科学技术工业委员会, 1987.
[56] 中国兵器工业部标准化研究所. 感度试验用升降法: GJB 377 – 87[S]. 北京: 国防科学技术工业委员会, 1987.
[57] 中国兵器工业部标准化研究所. 感度试验用数理统计方法: GJB/Z 377A – 94[S]. 北京: 国防科学技术工业委员会, 1994.
[58] 田玉斌, 蔡瑞娇, 严楠. ONE – SHOT 试验中的 BAYES 方法[J]. 兵工学报, 1996, 17(1): 72 – 74.
[59] 赵承惠, 胡双启. 火工品可靠性(或安全性)评估的 Bayes 方法[J]. 中国安全科学学报, 1997(5): 29 – 32.
[60] 郭维长. 论火工装置的抽样试验与可靠性评估问题[J]. 中国空间科学技术, 1999(3): 51 – 57.
[61] 冯蕴雯, 冯元生. 极小样本高可靠性成败型产品试验的贝叶斯评估方法研究[J]. 机械科学与技术, 1999, 18(2): 198 – 200.
[62] 张士峰, 樊树江, 张金槐. 成败型产品可靠性的 Bayes 评估[J]. 兵工学报, 2001, 22(2): 238 – 240.
[63] 蔡瑞娇, 田玉斌. 火工品可靠性评估小子样方法的研究[C]//中国兵工学会第十一届火工烟火学会年会. 西安, 2001.
[64] 中国航天工业总公司. 航天火工装置通用规范: QJ 1075A[S]. 北京: 国防科工委军标出版发行部, 1996.
[65] 中国兵器工业部标准化研究所. 卫星火工装置通用规范: GJB 1307 – 1991[S]. 北京: 国防科工委军标出版发行部, 1991.
[66] 中国航天工业总公司. 卫星弹射筒通用技术条件: QJ 2471 – 1993[S]. 北京: 国防科工委军标出版发行部, 1993.
[67] 刘炳章. 航天火工装置可靠性的优化试验法 – 最大熵试验法[J]. 导弹火工技术, 2001, 1: 23 – 38.
[68] 邵德生. 关于火工装置的可靠性设计与验证问题[J]. 质量与可靠性, 2002(增刊2): 34 – 36.
[69] 荣吉利, 白美, 刘志全. 加严条件下火工机构可靠性评估方法[J]. 北京理工大学学报, 2004, 24(2): 117 – 120.
[70] 荣吉利, 张涛, 董沛武, 等. 冗余设计火工装置的可靠性评定试验方法研究[J]. 北京理工大学学报, 2011, 31(5): 509 – 513.
[71] 荣吉利, 张涛, 徐天富, 等. 性能参数型航天器机构的可靠性试验评定方法[J]. 宇航学报, 2012, 33(3): 387 – 391.
[72] 荣吉利, 张涛. 航天火工机构可靠性的强化试验验证方法[J]. 宇航学报, 2009, 30(6): 2426 – 2430.
[73] 荣吉利, 宋乾强, 张涛, 等. 冗余航天火工装置可靠性评估方法及应用[J]. 宇航学报, 2013, 34(7): 1021 – 1026.
[74] 张涛, 荣吉利, 宋乾强, 等. 切割索可靠性评定的强化试验方法[J]. 宇航学报, 2014, 35(5): 611 – 616.
[75] 荣吉利, 宋乾强, 张涛, 等. 一种预测航天火工装置可靠性的小样本方法[J]. 宇航学报, 2015, 36(3): 360 – 364.

[76] 荣吉利,宋乾强,杨国孝,等.正态应力-正态强度下可靠度精确置信下限[J].兵工学报,2015,36(2):332-336.

[77] 蔡瑞娇,柳维旗,董海平.关于"试验信息熵"[J].含能材料,2007,15(6):604-607.

[78] 蔡瑞娇,翟志强,董海平,等.火工品可靠性评估试验信息熵等值方法[J].含能材料,2007,15(1):79-82.

[79] 董海平,温玉全,蔡瑞娇.升降法试验标准差 σ 估计的偏差研究[C]//中国航空学会可靠性工程专业委员会第十届学术年会,昆明,2006.

[80] 温玉全,洪东跑,王玮.基于试验熵的火工品可靠性评估理论与方法研究[J].爆炸与冲击,2007,27(6):553-556.

[81] 中国国防科技工业标准化研究中心.火工品可靠性计量-计数综合评估方法:GJB 6478-2008[S].北京:国防科工委军标出版发行部,2008.

[82] 李良巧.机械可靠性设计与分析[M].北京:国防工业出版社,1998.

[83] 周正伐.航天可靠性工程[M].北京:中国宇航出版社,2007.

[84] 周源泉,翁朝曦.可靠性分析评价[M].北京:科学出版社,1990.

[85] 盛骤.概率论与数理统计[M].北京:高等教育出版社,2005.

[86] 全国统计方法应用标准化技术委员会.正态分布变差系数置信上限:GB/T 11791-1989[S].北京:中国标准出版社,1989.

[87] 陈烈民.航天器结构与机构[M].北京:中国科学技术出版社,2008.

[88] 姚贵英,董润滋,卞罡.加工精度对机械零件可靠性的影响[J].河北工程大学学报(自然科学版),2007,24(3):29-31.

[89] 刘惟信.机械可靠性设计[M].北京:清华大学出版社,2000.

[90] 张骏华.结构可靠性设计与分析[M].北京:中国宇航出版社,1989.

[91] 张骏华,徐孝诚,周东生.结构强度可靠性设计指南(金属结构部分)[M].北京:中国宇航出版社,1994.

[92] 鲍廷玉.内弹道学[M].北京:北京理工大学出版社,1995.

[93] 全国统计方法应用标准化技术委员会.数据的统计处理和解释-正态性检验:GB 4882-2001[S].北京:中国标准出版社,2001.

[94] 陈应舒,孙伏.结构可靠性设计中尺寸变差系数的确定方法[J].陕西理工学院学报(自然科学版),2004,20(1):1-3.

[95] 李勤华,周彬,陈西武,等.用步进法与升降法感度试验进行火工品安全性与可靠性验证的比较[J].火工品,2004(2):39-42.

[96] 田玉斌.敏感性产品的可靠性评估方法研究[D].北京:北京理工大学,2000.

[97] 刘杰,王普,刘炳章.最大熵试验法及其应用[J].自动化学报,2007,33(11):1226-1228.

[98] Lapin L. Probability and statistics for modern engineering [J]. American Mathematical Monthly, 1990,7(2):29.

[99] 全国统计方法应用标准化技术委员会.正态分布完全样本可靠度置信下限:GB/T 4885-2009[S].北京:中国标准出版社,2009.

[100] 刘志全,陈新华,孙国鹏.航天器火工机构的可靠性验证试验及评估方法[J].航天器工程,2008,17(4):62-66.

[101] 刘志全,满剑锋.载人飞船座椅缓冲机构的可靠性试验方法[J].中国空间科学技术,2009,29(2):33-37.

内 容 简 介

本书共分 7 章。第 1 章绪论;第 2 章航天火工装置可靠性小子样分析评价技术基本原理;第 3 章解锁类火工装置可靠性小子样分析评价方法;第 4 章索类、切割类火工装置可靠性小子样分析评价方法;第 5 章性能参数型火工装置可靠性小子样分析评价方法;第 6 章火工装置可靠性小子样分析评价的试验设计方法;第 7 章火工装置可靠性小子样分析评价方法的应用实例。

本书可供从事火工装置产品设计、制造及使用的工程技术人员开展研究工作时参考,同时也可作为本科生毕业设计及硕士研究生、博士研究生开展科研工作的参考用书。

This book is divided into seven chapters. Chapter 1: Introduction. Chapter 2: Basic principles of small-sample analysis and evaluation technology of aerospace pyrotechnic devices'reliability. Chapter 3: Small-sample analysis and evaluation method of unlocking-type pyrotechnic devices'reliability. Chapter 4: Small-sample analysis and evaluation method of reliability for linear explosive charge and cutting-type pyrotechnic device. Chapter 5: Small-sample analysis and evaluation method of reliability for performance parameter type pyrotechnic device. Chapter 6: Test design methods of small-sample analysis and evaluation of pyrotechnic devices'reliability. Chapter 7: Application examples of small-sample analysis and evaluation method of pyrotechnic devices'reliability.

This book can provide some reference for the engineering and technical personnels who are engaged in the design, manufacture and use of the pyrotechnic device products. At the same time, this book can also be a reference book for undergraduates' graduation design and can provide guidance for postgraduates and doctoral students when they carry out scientific research work.